Ist unsere Zeitrechnung noch zeitgemäß?

Die westliche Jahreszählung ist anachronistisch und verdient(e) eine Neudefinition

Ronald Weinberger

Studia Universitätsverlag Innsbruck

Umschlaggestaltung: Irmgard Abolis

Lektorat: Mag.phil. M.Sc. Klaus Reitberger
http://klausreitberger.wordpress.com/

STUDIA Universitätsverlag, Herzog-Siegmund-Ufer 15, A-6020 Innsbruck

Druck und Buchbinderei: STUDIA Universitätsbuchhandlung und -verlag.

Printed in Austria 2012

ISBN 978-3-902652-69-0

RONALD WEINBERGER

Ist unsere Zeitrechnung noch zeitgemäß?

Inhaltsverzeichnis

1. Einführende Anmutungen

Heute ist der 28. Februar 2012. Nach Christus, versteht sich. Mein Blick gleitet an der Tastatur des Rechners ab, schlüpft durch das vermittels Spitzenvorhängen aufgehübschte, großflächige Fenster nach außen, verhakt sich einen Augenblick an dem auf azurblauem Grund aufgebrachten weißen Schriftzug ROSE LODGE PL des Straßenschildchens, mäandert an den in gepflegten Gärten eingebetteten schmucken Häusern auf der anderen Straßenseite entlang, schnellt zurück zur Tastatur. Ob deren Bewohner ebenfalls ...? Nein, eher nicht. Hier lebt man in einer gehobenen Wohngegend, in der Gast zu sein ich noch ein paar Tage das mäßige Vergnügen haben werde. Da sind sie kaum zuhause, die Durchschnitts-Amerikaner, welche, falls die Statistiker nicht lügen, zu gut 50% dermaßen inbrünstig an die Bibel glauben, dass ihnen eine Schöpfung in 6 Tagen und ein Alter unserer Erde von 6.000 Jahren verständlich, ja plausibel dünkt. 6.000 Jahre! Einem Astronomen wie mir stellt es angesichts dieses zeitlich-gedanklichen Fehltritts die Haare auf. Abgesehen davon pflegen die Amis auch sonst Ansichten, welche ... aber Schwamm darüber. Womöglich werde ich von Ihnen der Amerikafeindlichkeit geziehen.

Worauf wollte ich hinaus? Ach ja, auf das Hier, das Heute, genauer gesagt, den heutigen Tag – gewöhnlich der finale Tag des zweiten Jahresmonats; in diesem Jahr freilich bloß der vorletzte. Schuld an diesem kalendarischen Schluckauf im sonst so monoton wachsend erscheinenden Zeitfluss haben einige: Als erster schaltete der ägyptische Pharao Ptolemaios III, sodann Julius Caesar und, für uns hauptmaßgeblich, Papst Gregor XIII. So gelangten Teile der den Blauen Planeten bevölkernden homines sapientes zu den Schalttagen. Und den Schaltjahren. Den leicht memorierbaren Schaltregeln, ganz allgemein.

Nicht gänzlich überraschend, dass man im Jahre 1582 und bis zu mehrere Jahrhunderte danach den obgenannten Papst und seine Kirche schalt, sie würden vermittels der Kalenderreform den anderen Glaubensrichtungen die katholische Sichtweise aufoktroyieren wollen. Dabei hatten die Gregorianer doch nur die hehre Intention, eine lange währende Ordnung in die Datierung ihres kalendarisch allzu arg verrutschten, da beweglichen, Osterfestes zu bringen. Im Endeffekt gelang Zweierlei: Ein über Jahrtausende hinweg gültiger Kalender, der unter der Bezeichnung „Gregorianischer Kalender" firmiert - und seine Verbreitung über das beinahe gesamte Erdenrund. Das berühmt/berüchtigte „... macht euch die Erde untertan" hat sich in dieser Beziehung faktisch bewahrheitet. Die beeindruckende Präzision dieses Kalenders, im Verein mit dem, um es mal zurückhaltend zu formulieren, Durchsetzungsvermögen des Christentums, tat zudem das Ihre.

Apropos Präzision. Exakte Definitionen, Festlegungen, möglichst global gültig und bindend, sind Markenzeichen, ja Voraussetzung, für die moderne vernetzte Welt geworden. Für die zukünftigen, vermutlich noch enger miteinander in Verbindung stehenden und folglich zunehmend aufeinander angewiesenen Erdenbewohner werden derlei möglichst harmonisierte und selbstredend tunlichst genaue Festlegungen unverzichtbar sein. Längst sind Grundlagen für diese global anerkannten

Definitionen geschaffen, nämlich durch das Internationale Einheitensystem (SI), das unter anderem klar regelt, wie beispielsweise ein Meter, ein Kilogramm, oder eine Sekunde beschaffen ist, beschaffen zu sein hat.

Dass denjenigen, die dieses Einheitensystem schufen und laufend nachbesser(te)n, zum Beispiel Längenangaben in Einheiten der Größe von menschlichen Gliedmaßen abhold waren, bedarf keiner näheren Begründung. Umso bemerkenswerter, wenn man in einer gewissen, sich für tonangebend haltenden Weltregion laufend auf Flächenangaben wie beispielsweise square feet (wobei nicht die Größe der Quadratlatschen mancher womöglich auf großem Fuße lebender Politiker oder Banker gemeint ist) sowie auf Fahrenheit stößt - wobei als Nullpunkt für die letztgenannte Temperaturskala skurrilerweise die tiefste Temperatur des sehr strengen Winters im Jahre 1708/1709 in Danzig Pate stand! Doch halt, ich komme vom Thema ab.

Jedem von uns ist bestens bekannt und leuchtet ein, dass sich etwa Höhenangaben von Bergen, die Angabe der Seehöhe einer Ortschaft oder einer Almhütte oder die Flughöhe eines Flugzeugs auf den mittleren Meeresspiegel als Bezugsfläche, sprich auf eine wohl definierte Höhenreferenz, beziehen. Das macht Sinn und wird auch in Zukunft Sinn machen. Wir würden uns - besser gesagt, sollten uns - gehörig wundern, falls sich alle Höhenangaben etwa auf die Höhen, sagen wir, ab der Spitze der Cheopspyramide bezögen. Gewiss, das ist ein außergewöhnlich altes, ehrwürdiges, geschichtlich bedeutungsschweres, offensichtlich langzeitstabiles Bauwerk, aber als Höhenreferenz ... Sie verstehen mich.

Auch die in weiten Teilen der Welt gebräuchliche Grad-Celsius-Skala (ich darf anmerken: Celsius war ein schwedischer Astronom!) erscheint uns sinnvoll, mit ihrer Definition von 0 Grad Celsius als Gefrierpunktstemperatur und 100 Grad Celsius als Siedepunktstemperatur von Wasser bei atmosphärischem Normaldruck. Die beiden letztgenannten Beispiele (Celsius-Skala & Höhe über dem Meeresspiegel) mögen belegen: Hier wurde klar definiert, man wählte sinnvoll festgelegte Bezugspunkte, nichts davon ist politisch, religiös beziehungsweise in ähnlicher Hinsicht fragwürdig oder gar brisant und folglich sind derlei Festlegungen im Grunde weltweit akzeptabel.

Nun verfügen wir jedoch über eine Jahreszählung, die wohl fast weltweit angewandt oder allenfalls zusätzlich zu einer eigenen Zeitrechnung benutzt wird und freilich ob ihrer Geschichte der globalen Übernahme durchaus als etwas anrüchig angesehen werden sollte. Gleichwohl wird sie zumindest bei uns, wobei ich den christlich geprägten Westen meine, so gut wie nie hinterfragt. Hand auf's Herz: Haben Sie sich bereits einmal ernsthaft gefragt, ob es sinnhaft und vor allem angemessen ist, unsere Jahreszählung weiterhin am ohnehin nicht genau eruierbaren Geburtsjahr eines Herrn auszurichten, der vor annähernd 2 Jahrtausenden möglicherweise in Nazaret geboren wurde? Eines Mannes, der in seiner Epoche bestenfalls von regionaler Bedeutung gewesen sein konnte, da äußerst wenige nicht-christliche Autoren der Antike es für wert befanden, ihn überhaupt, selbst in einer Randnotiz, zu erwähnen? Eines Wanderpredigers, der höchstens 3 Erdumläufe, sprich Jahre, lang tätig war, bevor sich die Machthaber seiner durch Hinrichtung entledigten?

Es schwant uns zu Recht, dass derlei geschichtliche Überlieferungen, insbesondere falls sie größere Zeiträume umfassen und zahlreiche Mitwirkende an der Überlieferung werkten, unzuverlässig sind. Wir dürfen daher annehmen, dieser vermutlich charismatische Prediger war von seiner Nachwelt sukzessive in immer höhere Sphären der Anerkennung, bis hin zum Status als Gottessohn, gehievt worden. Er – beziehungsweise das, was über ihn und sein Wirken berichtet und insbesondere erdichtet wurde – geriet zur Basis des unsere Welt letztlich fulminant gestaltet habenden Christentums. Schön und gut – aber berechtigt dies dazu, die Geschichte des homo sapiens, die um die zweihunderttausend Jahre währt, auf eine auf diesen vorderasiatischen Jesus Christus abgestimmte Jahreszählung zusammenschnurren zu lassen und obendrein noch global?

Ich meine, nein. Ist denn kein Ereignis zu finden, das einerseits verlässlich datierbar und andererseits von derart signifikanter Bedeutung war, ist und sein wird, dass wir es zukünftigen, selbst zeitlich fernen, Menschengenerationen mit Fug und Recht als epochal bedeutend plausibel machen können? Dafür bräuchten und sollten wir Grundelemente des bewährten und noch auf Jahrtausende hinaus sehr passabel brauchbaren Gregorianischen Kalenders, auch „Bürgerlicher Kalender" genannt, nicht eliminieren – nur den Bezugspunkt der Jahreszählung, wobei wir selbstverständlich nicht wieder bei Null oder bevorzugt Eins anfangen sollten, wie das so oft und in der Regel erfolglos versucht wurde.

Gibt es demnach ein Ereignis epochalen Zuschnitts, sprich eines, dessen gewissermaßen immerwährende Signifikanz unbestreitbar wäre und bliebe? Die Diskussion ist eröffnet – und ich werde einen Vorschlag unterbreiten. Vorher lassen Sie sich aber bitte unter anderem ein wenig damit malträtieren, was ein Jahr ist. Schließlich hatten wir Astronomen zum Thema „Jahr" und Dazugehörigem früher ausgesprochen viel zu sagen, denn die Menschheit verdankt unserer Zunft – erlauben Sie mir diese präpotent anmutende Aussage – wegen ihrer systematischen Himmelsbeobachtungen schließlich das gesamte Kalenderwesen.

2. Das Jahr und seine Facetten

Heute ist der 7. März 2012. Nach Christus, klar. Wieder zurück in der bergigen Heimat, in der jeder selbst halbwegs bedeutsamen topographischen Aufragung eine exzellent bestimmte Höhe zukommt, in welcher das Wasser unbehandelt und erfrischend ist, Flaschen- beziehungsweise Doseninhalte in Liter oder Bruchteilen davon und namhafte Flächen in Quadratmeter angegeben werden, Kirchgänger eine rare Spezies geworden sind und man den Jesus von Nazaret kaum noch im Herzen oder auf den Lippen trägt, aber an zahlreichen Marterln angenagelt erspähen kann.

All das in einem Land, das man fast ausschließlich leicht ironisch als das „heilige Land" bezeichnet(e). Ein starkes Land, ein schönes Land, ein zerrissenes seit dem 1. Weltkrieg. Ein Land, das im Jahre 1991 weltweit Schlagzeilen generierte, als Ötzi, der Mann vom Hauslabjoch, der Mann aus dem Eis, eine Gletschermumie aus der späten Jungsteinzeit beziehungsweise Kupfersteinzeit in den Ötztaler Alpen entdeckt wurde. Anhand einer Radiokohlenstoffdatierung wurde das Alter des Ötzi auf ungefähr 5.300 Jahre bestimmt. Der für die zweifellos auch damals harschen Lebensbedingungen im Gebirge ausgesprochen gut ausgestattete Mann lebte, liebte und starb damit weit über 3.000 Jahre vor der kurzzeitigen Predigertätigkeit des Jesus von Nazaret.

Da wir doch andauernd von Jahren hören und lesen – und wenn von vielen tausend davon die Rede ist, zu verspüren meinen, vom Atem der Geschichte bestrichen zu werden – so wollen wir uns den Begriff Jahr und Manches seines Drumherums nun ausführlich zur Brust nehmen. Welche Antwort könnten wir erwarten, falls wir Otto oder Resi Normalverbraucher frügen, was ihnen denn bei dem Begriff „Jahr“ einfiele? Wetten, wir bekämen eine persönliche Geschichte, also ein einschneidendes Ereignis aus dem privaten Umfeld zu hören, das sich im Jahre XY zugetragen habe! Verständlich.

Falls es uns gelänge, in der Öffentlichkeit agierende Personen, beispielsweise Politiker, zu befragen, würden die – so was macht sich gut – eine bedeutungsschwerer klingende Antwort zum Besten geben. Selbst im Fokus laufender öffentlicher Aufmerksamkeit stehende Zeitgenossen lassen bisweilen dabei aber ihre persönlichen Befindlichkeiten aufblitzen: Berühmt wurde in dieser Hinsicht zum Beispiel das Jahr 1992, welches von Königin Elisabeth II als „annus horribilis“, also „Jahr der Schrecknisse“ gebrandmarkt wurde, ob seiner Konzentration von hochgradig „non-amusing“ Vorkommnissen im royalen Ambiente.

All dies ist für das vorliegende Büchlein selbstverständlich weniger relevant und Sie, liebe(r) Leser(in), würden, so hoffe ich, falls befragt, antworten: Ein Jahr ist die Dauer des Umlaufs der Erde um die Sonne. Daraufhin sähe sich freilich ein Astronom womöglich gehalten, Unerwartetes zu äußern, indem er/sie schulmeisternd ungefähr wie folgt antworten könnte: „Ja, stimmt schon, aber genauer ausgedrückt ist ein Jahr die Zeitspanne eines vollständigen Umlaufs eines Himmelsobjekts um einen Stern. Und überhaupt: Im engeren Sinne haben Sie natürlich Recht, denn Sie meinen doch das *Erdenjahr* und das dauert, wie beinahe jedermann weiß, im Mittel 365

¼ Tage. Aber nur laut Kalender, nicht in der Realität. Und die 365 ¼ Tage sind nicht einmal im gegenwärtig gültigen Kalender gänzlich korrekt." Nun sind die 365 ¼, das heißt 365,25 Tage leicht auszubaldowern, denn wenn 3 Jahren zu je 365 Tagen ein Schaltjahr zu 366 Tagen folgt, so macht das nach Adam Riese … Irrtum! Obwohl die Adam-Riese-Methode mathematisch stimmt. In diesen „365 ¼ Tagen" steckt nämlich der Kalenderteufel, wie man bereits vor gut 500 Jahren wusste.

Folglich: Auf zu Jahren und zu Kalendarischem, auf dass uns das Jahr, sein Glanz und seine Glorie, indes auch seine Tücken, ein wenig eingängiger werden. Am Ende dieses Kapitels werde ich indes nicht umhin können, Ihnen zu verdeutlichen, dass streng genommen der Umlauf der Erde um die Sonne eine höchst verwickelte, besser gesagt verwackelte, Angelegenheit ist und jedes „astronomische" Jahr mit dem ihm vorangegangenen beziehungsweise folgenden, was seine zeitliche Länge angeht, keineswegs ident ist.

2.1 Kalendarisches

Bereits unseren fernen Vorfahren, vor Jahrzehntausenden, wird aufgefallen sein, dass eine Wiederkehr von Anordnungen der funkelnden Lichter am seinerzeit ungleich prächtiger als heute erscheinenden nächtlichen Firmament mit gewissen, ebenso einigermaßen regelmäßig wiederkehrenden Änderungen in deren irdischen Umwelt verbunden war. Dazu zählten die durchschnittliche Tageshitze, das Wachstum von Pflanzen, die Wasserführung von Flüssen, das Verhalten beziehungsweise

Auftreten von Tieren und Vieles mehr. Daraus erwuchs verständlicherweise, ja notwendigerweise, der Wunsch, durch sorgfältiges Beobachten der Nachthimmelslichter Vorhersagen treffen zu können. Nachlässiges Beobachten war kaum von Nutzen und so nimmt es nicht wunder, wenn der Nachthimmel und seine Erscheinungen, aber selbstverständlich auch der Sonnenlauf über längere Zeiträume verfolgt, die damit befassten Menschen fast automatisch zur Genauigkeit zwangen. Diese Exaktheit sollte in weiterer Folge zur Zeitenmessung und damit zu Kalendern führen.

Abgesehen von derlei „praktischen", also vor allem die Nahrungsbeschaffung betreffenden Gesichtspunkten wird zunehmend ebenso das Verlangen hinzu getreten sein, den unerreichbaren leuchtenden „Mächten", sprich „Göttern" da oben, die sich durch regelmäßige Wiederkehr manifestierten, sozusagen in die Karten blicken zu wollen. Weshalb verhielten sie sich so und nicht anders? Wollten sie damit ihren Willen - und zwar welchen? - oder ihre Geneigtheit beziehungsweise ihren Zorn zum Ausdruck bringen? Auch das galt es zu ergründen.

Kalender brachten Ordnung und insbesondere Vorhersehbarkeit. Die Anfänge des Kalenderwesens verlieren sich naturgemäß im Dunkel der menschlichen Geschichte. Die leichte Beobachtbarkeit der Mondphasen lässt es verständlich erscheinen, dass „Mondkalender" früher als „Sonnenkalender" eine Rolle spielten. Der Übergang vom Mond- zu dem hinsichtlich vor allem Aussaat, jedoch auch Erntezeit ungleich bedeutenderen, den Jahreszeitenverlauf widerspiegelnden Sonnenkalender dürfte in der Periode des Übergangs von Jäger- und Sammlergesellschaften zu Ackerbau treibenden Kulturen, das heißt im Neolithikum, gelegen haben. Insbesondere die Feststellung der Sonnenwende und/oder Tagundnachtgleiche und die damit verbindbare Festlegung eines Jahresanfangs sollten eine zunehmende Bedeutung erlangen.

Mit der Verknüpfung zum Beispiel ganz bestimmter Sonnenstände mit bestimmten Tagen etwa unter Zuhilfenahme ausgeklügelter, dauerhafter Bauwerke für das Anvisieren oder das Registrieren von Licht- und/oder Schattenwurf hatte man indes gewissermaßen nur ein momentan gültiges und abrufbares Wissen geschaffen. Die Kunde von solchen bedeutsamen Tagen und damit von Festen musste erst geografisch verbreitet werden; das konnte sich unter Umständen zu zeitaufwändig darstellen um noch praktikabel zu sein.

Folglich gingen organisierte Gesellschaften zunehmend bereits vor langer Zeit dazu über, derlei Tage oder andere wichtige Zeiteinheiten zu berechnen und die Resultate, mit unmissverständlichen Anweisungen versehen an ausgewählte Adressaten zu verteilen. Zur Berechnung von Kalendern bedurfte es jedoch nam- und glaubhafter, in langen Beobachtungsreihen gewonnener Daten, also astronomischer Messgrößen, sowie nicht unerheblicher mathematischer Kenntnisse. Die Abhängigkeit durchstrukturierter Gesellschaften von Kalendermachern äußerte sich zweifelsfrei auch in einer Wertschätzung letzterer, von der ein klein wenig zu zehren wir Astronomen selbst heutzutage noch das Privileg genießen.

Bei derlei beobachteten und berechneten Kalendern stießen die Kalendermacher jedoch auf Probleme. Sie bemerkten, auch wenn das geraume Zeit in Anspruch nahm, dass zum Beispiel ein „Jahr“, falls man dieses sinnvollerweise als Zeitdauer zwischen 2 aufeinander folgenden Frühlings-Tagundnachtgleichen (Näheres dazu im nächsten Unterkapitel) definierte, nicht auf Dauer in einem Satz aus vollen Tagen auszudrücken war. Es verschob sich dann der Beginn der Jahreszeiten. 365 Tage waren offensichtlich zu wenig, 366 Tage zu viel.

Ein Kalender konnte die realen, astronomischen Verhältnisse bloß annähernd widerspiegeln, musste aber zugleich dem Anspruch genügen einfach handhabbar und verständlich zu sein und zu bleiben. Sobald man erkannt hatte, dass ein Jahr näherungsweise 365 ¼ Tage umfasste, lag die Lösung des Problems der ansonsten eintretenden Verschiebung der Jahreszeiten nahe: Das Regeljahr sollte 365 Tage umfassen, aber jedes 4. Jahr wurde ein zusätzlicher Tag, ein „Schalttag“ eingefügt. Soweit wir wissen, waren die ersten, die einen Schalttag – und damit ein Schaltjahr – einführten, die Ägypter, und zwar im Jahre 238 vor Christus. Julius Caesar brauchte 2 Jahrhunderte später nur noch darauf zurückzugreifen und konnte so den in Europa für zirka eineinhalbtausend Jahre gültigen, später nach ihm benannten „Julianischen“ Kalender etablieren.

Die Erkenntnis, sich mit Hilfe von Schaltzeiten den realen zeitlichen Gegebenheiten gut annähern zu können, machte Schule. Neben Schalttagen und Schaltjahren hatte man auch den Vorteil von Schaltmonaten erkannt, wobei Letztgenannte in Mondkalendern eine herausragende Rolle spiel(t)en. Zusammengefasst kommt all diesen Schaltzeiten, also dann und wann eingefügten Zeiträumen, die Bedeutung zu, die nicht ganzzahligen astronomischen Beobachtungsgrößen mit den bekanntermaßen hinsichtlich Tagen ganzzahligen Kalendern in Einklang zu bringen.

Mit der Einführung eines Schalttags beziehungsweise in regelmäßigen Zeitabständen auftretenden Schaltjahrs waren jedoch „langfristig" die Probleme mit der unerwünschten Verschiebung der Jahreszeiten oder gewisser religiöser Feste noch immer nicht gelöst. Vor 430 Jahren war es in Teilen Europas aber endlich soweit und eine längst überfällige Kalenderreform trat in Kraft.

Bevor wir uns dieser Reform zuwenden, will ich Ihr Augenmerk auf eine moderne, gleichwohl winzige zeitliche Einschaltung, die „Schaltsekunde" richten. Sie entsinnen sich: Heutzutage will, ja soll, sich die Menschheit auf Präzision verlassen können. Die Schaltsekunde ermöglicht dies, denn sie präzisiert, de facto verlängert, genau besehen, die Dauer eines Jahres und alleine die wissenschaftliche, sprich astro- und geophysikalische, Ursache für sie ist zudem interessant genug um erwähnt zu werden.

Was hat es mit der Schaltsekunde auf sich? Als Sekunde wurde, bis vor etwas mehr als einem halben Jahrhundert, der Bruchteil 1/86.400 der Länge eines „mittleren Sonnentags" definiert. Ein „Sonnentag" ist, wie zu erwarten, die Dauer einer Erdrotation. Seit etlichen Jahrzehnten weiß man jedoch, dass sich die Umdrehungsgeschwindigkeit der Erde leicht unregelmäßig verhält. Insbesondere unterliegt sie zusätzlich einer langfristigen Verlangsamung. Der Hauptgrund für diese Verlangsamung ist die Gezeitenwirkung des Mondes, da die unsere Erde umlaufenden Flutberge wie Bremsbacken wirken; sie wird als „Gezeitenreibung“ bezeichnet. Ein anderer Grund sind Massenbewegungen im Inneren der Erde, genauer ausgedrückt solche im flüssigen äußeren Erdkern. In den letzten 2 Jahrhunderten nahm deshalb die Tageslänge um ein paar Tausendstel Sekunden zu.

Eine aufgrund astronomischer Gegebenheiten sich ändernde Tageslänge würde sich damit auch auf die Dauer einer Sekunde auswirken. Eine derartige Veränderung ist in der modernen Zeit jedoch inakzeptabel, alleine schon wegen technisch-wissenschaftlicher Belange. So wurde die Sekunde mehrmals neu definiert und wird seit 1967 mittels Atomuhren über eine Strahlungsfrequenz des Elements Cäsium definiert. Damit ist man bei einer Genauigkeit angelangt, mit der man vermutlich auf geraume Zeit hinaus das Auslangen finden wird, denn die heutzutage genauesten Atomuhren würden in zirka 30 Millionen Jahren nur mehr um 1 Sekunde falsch gehen! In praxi verwendet man derzeit die Messwerte von mehr als 260 Atomuhren an über 60 weltweit verteilten Institutionen; aus dem Mittelwert dieser Messungen wird die „Internationale Atomzeit (TAI)“ als Referenzzeit ermittelt. Die TAI ist eine sich eng an die mittlere astronomische Sekundenlänge anpassende, extrem gleichmäßig verlaufende Zeit.

Trotz dieser Referenzzeit ist die reale, durch die Natur vorgegebene (ungleichmäßige) Zeit weiterhin für diverse Zwecke von Bedeutung. Sie wird UT1 genannt, wobei UT für Universal Time steht. Durch einen Abgleich der TAI mit der UT1 entsteht die in praxi verwendete „Koordinierte Weltzeit (UTC)“. Das Ziel der Einfügung von Schaltsekunden ist nun der, zu verhindern, dass sich die UTC um mehr als 0.9 Sekunden von der

UT1 entfernt. Damit bleibt einerseits gesichert, dass sich die Alltags-Zeitskala nicht langfristig von der Messung eines „mittleren Sonnentags", das heißt der „mittleren Sonnenzeit" entfernt, andererseits hat man eine atomuhrgenaue Zeiteinheit zur Verfügung.

Da die Verlangsamung der Erdrotation ungleichmäßig erfolgt, kann über die Verwendung einer Schaltsekunde nur relativ kurzfristig entschieden werden. Sie wird fast immer aus der Einfügung einer Schaltsekunde bestehen. Das Anbringen einer solchen erfolgt an einem 30. Juni eines Jahres nach 23 Uhr 59 Minuten und 59 Sekunden und/oder an einem 31. Dezember, ebenfalls nach 23 Uhr 59 Minuten und 59 Sekunden. Vor dem Jahr 2012 war das letzte Mal eine Schaltsekunde am 31. Dezember 2008 eingefügt worden und für die Nacht des 30. Juni 2012 ist ebenfalls eine derartige Einfügung vorgesehen.

In diesem Zusammenhang ist es interessant zu wissen, dass es wegen dieser Einfügungspraxis ein Jahr gibt, welches man als das kalendarisch längste Jahr der bei uns in Gebrauch stehenden Zeitrechnung, ja sogar der vergangenen 2 Jahrtausende ansehen kann: Es handelt sich um das Jahr 1972, das zum einen Schaltjahr war und in das zum anderen gleich 2 Schaltsekunden eingefügt worden waren.

Um zu vermeiden, dass Sie beim Lesen dieser Lektüre vom (Schalt-)Sekundenschlaf übermannt/überfraut werden, wollen wir der Sekundenproblematik entfleuchen und uns einigermaßen gründlich der vor 430 Jahren in Kraft getretenen Kalenderreform zuwenden. Der Mitte Oktober 1582 wirksam gewordene, nach Papst Gregor

XIII. „Gregorianischer Kalender“ benannte Kalender hat einen allmählichen Siegeszug um die Welt angetreten und ist *der* international gebräuchliche Kalender schlechthin. Weshalb erschien es der katholischen Kirche überhaupt bedeutsam, eine Kalenderreform anzustreben? Um, kurz gesagt, den Termin des Osterfestes, bekanntlich das wichtigste Fest der Christenheit, in den Griff zu bekommen. Dieser war nämlich im Rahmen des bis damals gültigen „Julianischen Kalenders“ den Kirchenoberen zeitlich entglitten.

Der im Jahre 45 v. Chr. eingeführte Julianische Kalender ging davon aus, das astronomische Jahr könne am besten durch 365 ¼, also 365,25 Tage angenähert werden. Das konnte sehr einfach durch einen Schalttag jedes 4. Jahr erzielt werden. Es sei schon jetzt kurz erwähnt und weiter unten genauer ausgeführt: Die Jahreslänge ist eben *nicht* 365,2500 Tage (so einfach macht es uns die Natur eben nicht), sondern liegt sehr nahe bei 365,2422 Tagen. Gibt eine Differenz von 0,0078 Tagen. Das macht in 128 Jahren einen Fehler von 0.9984 Tagen aus. Kurzum: Der Unterschied zum astronomisch korrekten Jahr, mithin der Fehler, summiert sich bei diesem Kalender bereits nach 128 Jahren zu einem ganzen Tag auf.

Im 16. Jahrhundert war man infolgedessen bei einem kalendarischen Fehler von bereits 10 Tagen angelangt. Anlässlich des Konzils von Trient wurde im Jahre 1563 beschlossen, die kalendarische Fehlstellung weitestgehend auszumerzen, da heißt den Julianischen Kalender zu reformieren und den für das Osterfest maßgeblichen Referenzzeitpunkt der Frühlings-Tagundnachtgleiche sozusagen auf Dauer zu fixieren. Als Wunschzeitpunkt diente dessen zeitliche Lage zur Zeit des „Ersten Konzils von Nicäa“ im Jahre 325 n. Chr. und der lag damals an einem 21. März, wie man in Trient Gründe hatte zu vermuten. (Wir rufen uns in Erinnerung: Bis heute findet das katholische Osterdatum, laut einer Festlegung auf dem Konzil in Nicäa, am ersten Sonntag, der dem ersten Vollmond nach der Frühlings-Tagundnachtgleiche folgt, statt).

Man darf sich diese Reform keineswegs als simples Unterfangen vorstellen. Hervorragende Mathematiker wurden um ihre Expertisen gebeten und es wurde von den Fachleuten erwartet, eine möglichst einfache und zugleich genaue Lösung zu präsentieren. Erschwerend kam hinzu, dass der Mond, den man ja braucht(e), um das Osterdatum zu fixieren, mittels eines 19-Jahr-Zyklus an den Julianischen Kalender gebunden war und diese Approximation nach jeweils 310 Jahren ebenfalls um einen Tag daneben lag. Auch hierbei musste folglich reformiert werden.

Schlussendlich waren die umfangreichen Berechnungen und sonstigen Überlegungen von Erfolg gekrönt und Papst Gregor XIII. unterzeichnete am 24.2.1582 das Dekret, eine päpstliche Bulle namens „Inter gravissimas“, mit der einer praktischen Einführung des neuen Kalenders im darauffolgenden Oktober der Weg geebnet wurde.

Das Minus von 10 Tagen musste berücksichtigt, sprich eliminiert werden, denn diese Anzahl von Tagen hatte sich im Julianischen Kalender gegenüber dem neu reformierten Kalender seit dem Konzil in Nicäa angehäuft. Die Frühlings-Tagundnachtgleiche war dadurch im Jahre 1582 auf den 11. März zurückgerutscht. Nun konnte eine Zäsur nicht ausbleiben und es war die Frage, ob man eine Angleichung allmählich oder in einem einzigen radikalen Schritt vollziehen sollte. Gregor XIII. entschloss sich zur Radikalkur.

Man kann unschwer nachvollziehen, wie widerwillig sich viele Menschen dieser kalendarischen Neuregelung unterwarfen, wenn man sich beispielsweise die zeitgenössischen mentalen Widerstände anlässlich der Einführung des Euro oder der neuen deutschen Rechtschreibung vor Augen hält. Kurz und gut, es wurde festgelegt, dass unmittelbar auf Donnerstag, 4. Oktober, Freitag der 15. Oktober folgt. Als 1. Tag des Gregorianischen Kalenders firmiert seitdem der 15. Oktober 1582. Der Frühlingsbeginn erfolgte im darauf folgenden Jahr 1583 somit wieder am 21. März, mithin an dem Tag, der zur Zeit des Konzils von Nicäa den Anfang des Frühlings markiert hatte.

Die Regel für die Schaltjahre wurde wie folgt modifiziert: In 97 von 400 Jahren (anstelle von 100 innerhalb 400 Jahren laut Julianischem Kalender) ist jeweils 1 Schalttag einzufügen. Für die verbesserte Genauigkeit und leichtere Memorierbarkeit gelten die 3 Merksätze: a) Wenn die Jahreszahl glatt, demnach ohne Rest, durch 4 teilbar ist, aber nicht durch 100, handelt es sich um ein Schaltjahr mit 366 Tagen; b) wenn die Jahreszahl durch 100 teilbar ist, aber nicht durch 400, dann ist so ein Jahr kein Schaltjahr und hat demnach 365 Tage; c) wenn die Jahreszahl hingegen durch 400 teilbar ist, ist das Jahr ein Schaltjahr. Der Gregorianische Kalender stellt im Übrigen einen arithmetischen Kalender dar, dessen Grundeinheiten Tage sind und der sich nach exakt 146.097 Tagen, entsprechend vollen 400 Jahren, wiederholt.

Die mittlere Länge des Gregorianischen Kalenderjahrs beträgt 365,2425 Tage oder 365 Tage, 5 Stunden, 49 Minuten und 12 Sekunden und ist geringfügig kürzer als das Julianische Kalenderjahr mit seinen 365,25 Tagen an mittlerer Dauer. Eine kleine, aber wesentliche Differenz, wie wir erfuhren. Der ebenfalls überaus kleine Unterschied zu dem für uns wesentlichen, weiter unten ausgeführten „astronomischen" Jahr mit einer Länge von beinahe 365,2422 Tagen bedeutet: Erst in *mehreren tausend* Jahren wird sich die Differenz auf mehr als 1 Tag belaufen. Die gregorianische Kalenderreform ist daher als ein großer Wurf zu bezeichnen.

Es wäre verlockend, sich hier über die zahllosen Schwierigkeiten bei der Verbreitung dieses Kalenders alleine in Europa auszulassen, da das Gemenge aus religiösen plus politischen plus sonstigen Widerständen eine hochinteressante Melange gebar (Schweden hatte in der Wirren der Umstellung zeitweise sogar einen 30. Februar etabliert!); allein, das würde die für mein Büchlein geplanten Dimensionen sprengen. Nur so viel: Unmittelbar, am 15.10.1582, übernahmen nur eine Handvoll Staaten den reformierten Kalender, darunter Portugal, Spanien und ein Teil Italiens - und es sollte in Europa bis zum Jahre 1923 beziehungsweise 1926 dauern, bis sich Griechenland und schlussendlich die Türkei zur Einführung des Gregorianischen Kalenders bemüßigt fühlten.

2.2 Astronomische und sonstige Jahre

Es ist höchste Zeit, sich von den in Kalendern manifesten Annäherungen und weiteren Vereinfachungen ab- und den wahrhaftigen, realen, Jahren zuzuwenden, wie sie die „exakte Naturwissenschaft Astronomie" zu messen, zu definieren und somit zu präsentieren vermag. Ich gestehe gerne, beim Verfassen des vorstehenden Satzes ein klein wenig geschmunzelt zu haben. So einfach war respektive ist es keineswegs, der Natur die richtigen Jahre abzuluchsen - und bis ins kleinste Detail funktioniert das selbst heute nicht.

Ein Jahr, sprich Erdenjahr, ist, wie Sie wissen, die Dauer des Umlaufs unseres Planeten um die Sonne. Na ja, klingt simpel, ist es jedoch keineswegs. Machen Sie mit mir eine gedankliche, leicht nachvollziehbare Reise: Wir steigen in ein mit einer hitzeresistenten, exzellent isolierenden Außenschicht versehenes, mit reichlich bemessenem, sogar schmackhaftem Proviant ausgestattetes Raumfahrzeug und sausen zur Sonne. Dort visieren wir zu einem beliebigen, jedoch genauestens von uns festgehaltenen Zeitpunkt die beinahe als Punkt erscheinende Erde an und bestimmen ihre exakte Position relativ zu dem als unveränderlich angenommenen Hintergrund aus Fixsternen.

Nun brauchen wir nichts anderes zu tun als 12 Monate zu warten und währenddessen die Schönheiten der Sonne und des Weltalls zu genießen sowie die exzellenten Vorräte zu dezimieren. Knapp vor Ablauf der 12 Monate heißt es dann „aufgepasst". Wir warten nämlich, bis sich die Erde wieder exakt an derselben Position relativ zum Fixsternhintergrund einfindet, stoppen bei dieser Gelegenheit die Zeit – und schon haben wir die genaue Dauer eines Jahres bestimmt.

Im Vertrauen: alles weitgehend Fehlanzeige und Wunschdenken. Nein, nicht bloß unsere Fantasiereise zur Sonne. Dergleichen könnte ja einmal wahr werden. Schlimmer: Die Erde würde 1 Umkreisung der Sonne später keineswegs dieselbe Stelle relativ zum Sternenhintergrund ansteuern wie zuvor. Nächstes Jahr stünden wir vor einem identen Dilemma und so weiter und so fort. Demnach ist nichts mit einer präzisen Festlegung eines Jahres. Mit diesem einführenden Aufruf zur Vorsicht habe ich Sie aber, meine und hoffe ich, „geimpft“ und wir können uns jetzt auf die diversen Definitionen astronomischer Jahre einlassen.

Eine jede – ich werde allerdings nur die drei wichtigsten besprechen – hat ihre Berechtigung. Zuvor müssen wir uns, später anhand einer Grafik, mit einer unverzichtbaren astronomischen Gegebenheit vertraut machen und zwar mit dem Frühlingspunkt, der für die mehrfach erwähnte Frühlings-Tagundnachtgleiche und manches Andere das A und O darstellt. Noch eher darf ich mich mit Ihnen auf eine spezielle Ebene begeben; was heißt *eine*, es sind letztlich deren zwei.

Zwei gegeneinander geneigte. Sollten Sie einen Rechner in Gestalt eines Notebooks verwenden, haben Sie ohnehin mit zweien dieser Art zu tun, denn mit der schräg gestellten Bildschirmebene ist die üblicherweise horizontal befindliche Tastaturebene verbunden. Die Schnittlinie beider geneigter Ebenen ist eine Gerade. Stellen Sie sich vor, Sie wären winzig klein, befänden sich in der Mitte dieser Geraden und blickten einmal nach links bis zum Endpunkt der Schnittlinie und dann nach rechts, ebenfalls bis zum Endpunkt. So eine Vorstellung ist keine Hexerei. Nun erweitern wir das Ganze und modifizieren es in astronomischer Hinsicht.

Durch den Lauf der Erde um die in einem Brennpunkt einer Ellipse befindliche Sonne wird eine riesige Ebene aufgespannt, die man Ekliptik nennt. Die Drehachse der Erde, somit die gedachte Achse durch deren Süd- und Nordpol, steht nicht senkrecht auf dieser Ebene (falls doch, gäbe es keine Jahreszeiten). Das bedeutet, dass die im rechten Winkel zu dieser Erdachse befindliche Äquatorebene der Erde, die wir uns nun ebenso als enorm, das heißt bis zur Himmelssphäre ausgedehnt, denken wollen, ebenfalls gegenüber der Ekliptik geneigt sein muss. Den Winkel zwischen beiden Ebenen bezeichnet man mit einem Epsilon (□) und nennt ihn „Schiefe der Ekliptik“. Er beträgt beinahe 23 ½ Grad.

Die 2 gegeneinander geneigten Ebenen schneiden sich in einer geraden Schnittlinie, analog zu den Verhältnissen beim aufgeklappten Notebook. Die tatsächlichen Verhältnisse sind nun derart, dass wir uns ja als Beobachter auf der Erde befinden und aus der Positionsveränderung, sprich Lauf, der Sonne über die Himmelssphäre hinweg, die Dauer eines Jahr erschließen möchten. Anders ausgedrückt, die Erde sitzt mittig auf dieser Schnittlinie von der Ekliptikebene und der (Himmels)äquatorebene und die Endpunkte, also Schnittpunkte, haben eine spezielle Bedeutung: Denjenigen Schnittpunkt der Ekliptik mit dem Himmelsäquator, an dem sich die Sonne zum Frühlingsbeginn (der Nordhalbkugel der Erde) befindet, nennen die Astronomen

„Frühlingspunkt". Er wird am 20. oder 21., selten am 19. März, erreicht.

Sobald die Sonne dort am Frühlingspunkt steht - früher befand sich dieser in Richtung des Sternbilds Widder, was zur alternativen Bezeichnung „Widderpunkt" führt - kommt es auf der Erde zur Tagundnachtgleiche, auch „Äquinoktium" genannt. Ein halbes Jahr später, am anderen Schnittpunkt, ist vom „Herbstpunkt" die Rede. Der Frühlingspunkt ist in der Astronomie von ungleich größerer Bedeutung als der Herbstpunkt, weil er auch sonst einen wichtigen Bezugspunkt für Positionsbestimmungen am Himmel und zwar für Koordinatensysteme, darstellt. An dieser Stelle ist jetzt die weiter oben angekündigte Grafik am Platz. Sie zeigt neben den 2 Ebenen 4 wichtige Stellungen der Sonne auf der Ekliptik, darunter den hier interessierenden Frühlingspunkt im März. (Lizenzdetails sind in der Danksagung angeführt).

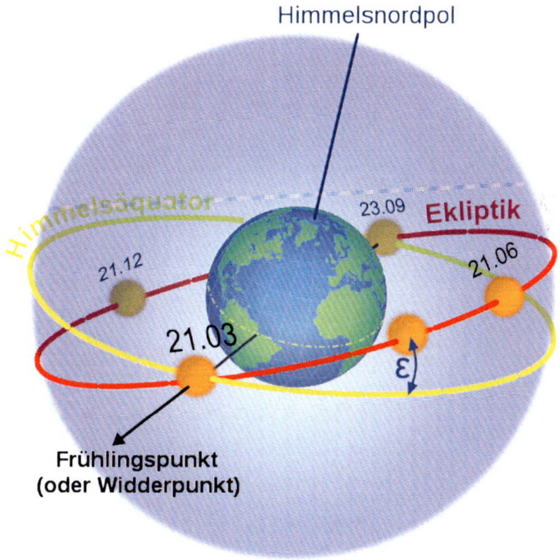

Ein Jahr ist, wie Sie nunmehr problemlos vermuten dürften, die Zeit von einer Frühlings-Tagundnachtgleiche zur nächsten. Man kann den Sachverhalt auch wie folgt ausdrücken: Ein Jahr ist die Zeitdauer von einem ganz bestimmten, am Frühlingspunkt bestehenden Winkel der Erdachse relativ zur Sonne bis zum Wiedererreichen des genau gleichen Winkels, denn dann fallen die Sonnenstrahlen erneut unter demselben Winkel auf der Erde ein wie ein Jahr zuvor oder danach. Dieser Einfallswinkel ist ausschlaggebend für die Abfolge der Jahreszeiten.

Das derart definierte Jahr charakterisiert das jahreszeitliche Jahr, demnach eine vollständige (selbstverständlich nur scheinbare) Umkreisung der Sonne um unseren Planeten, mithin das Jahr, wie man es landläufig als Jahr begreift. Sein Fachausdruck lautet „Tropisches Jahr"; es weist eine exakte Dauer von ... Halt! Bereits jetzt will ich Ihnen nämlich nicht verheimlichen, dass die Länge dieses Tropischen Jahres mit der Zeit leicht variiert. Gründe dafür werden später genannt. Auf das Jahr 2000 bezogen hatte es eine – diesmal präzise beschreibbare – Dauer von 365,24219052 Tagen oder 365 Tagen, 5 Stunden, 48 Minuten und 45,261 Sekunden. Die Differenz zur mittleren Dauer eines Jahres des Gregorianischen Kalenders von 365,2425 Tagen ist, à la longue, dann nicht ohne weiteres vernachlässigbar, falls man das „à la longue" als Zeitraum von *vielen* Jahrtausenden ansieht !

Das Jahr kann, ja muss, freilich auch anders definiert werden, falls man es als Umlaufszeit der Erde um die Sonne beschreiben will. Ich darf hierzu ein wenig ausholen. Johannes Kepler hatte erkannt, die Planeten würden auf Ellipsenbahnen die Sonne umkreisen und so gut wie jedermann ist zumindest die Existenz, vielen auch der ungefähre Wortlaut, der berühmten 3 Kepler'schen Planetengesetze geläufig. Selbstredend umläuft auch der Planet Erde die Sonne auf einer elliptischen Bahn, gleichwohl auf einer, die von einer kreisförmigen Bahn derzeit (!) nicht markant abweicht. Da sich die Sonne in einem der beiden Brennpunkte der Ellipse aufhält, bedeutet das: Die Erde muss im Gefolge eines Umlaufs um die Sonne zum einen eine sonnenfernste und zum anderen eine sonnennächste Stelle durchlaufen.

Die Letztgenannte ist für unser Jahr von Interesse; dieser sonnennächste Punkt wird als „Perihel“ bezeichnet (aus dem Griechischen: „peri“ bedeutet „nah“ und das „hel“ stammt von „helios“, die Sonne). Nun können wir die Angelegenheit im wahrsten Sinne des Wortes auf den Punkt bringen: Ein Jahr ist die Zeitspanne zwischen einer Passage durch das Perihel bis zur nächsten Passage durch diesen sonnennächsten Punkt auf der Bahnellipse. Ein auf diese Weise definiertes Jahr heißt „Anomalistisches Jahr“.

Sie ahnen: Selbst dieses im Grunde so klar beschreibbare Jahr ist Veränderungen unterworfen, wie weiter unten ausgeführt werden wird. Beziehen wir uns erneut auf das zeitliche Referenzjahr 2000, vermögen wir eine exakte Dauer anzugeben, nämlich 365,259635864 Tage oder 365 Tage, 6 Stunden, 13 Minuten und 52,539 Sekunden. Vergleichen Sie diese Dauer mit der des Tropischen Jahres und staunen Sie ruhig: ein erklecklicher Unterschied von etwas weniger als einer halben Stunde tut sich da auf! Jetzt eine vermutlich für manche von Ihnen überraschende Zugabe, boshafterweise von mir vorerst mit einer Frage an Sie garniert: Wann, so frage ich Sie, steht die Erde näher an der Sonne: Im Sommer oder im Winter? Im Sommer, meinen Sie? Nein, ätsch, im Winter!

Ernsthaft: Das Perihel wird zu „unseren" Lebzeiten, – hinsichtlich Lebzeiten ein durchaus wohlüberlegte Formulierung – Jahr für Jahr ungefähr am 3. Januar (genauer: zwischen 2. und 5.1.) durchlaufen. Sie lesen richtig: Wir befinden uns demnach im uns vertrauten Sommer, dem Sommer der Nordhalbkugel, weiter weg von der Sonne als im Winter. In Zahlen ausgedrückt: Im Perihel beträgt die Entfernung Erde-Sonne 147,1 Millionen km und am sonnenfernsten Punkt („Aphel") 152,1 Millionen km, was einer Abweichung der beiden extremen Werte vom Mittelwert von weniger als 2 % entspricht. Da Sie in der Zwischenzeit schon mit so manchem astronomischen Wässerchen gewaschen sind, dämmert Ihnen: auch das ändert sich. Korrekt! Allerdings sehr gemächlich. In vielen Jahrtausenden mag der Sommer auf der Nordhalbkugel der Erde noch eine Spur wärmer sein als heute, da wir dann etliche Millionen Kilometer näher an unserem Licht- und Wärmespender vorbeiflitzen. Ein paar Einzelheiten auch dazu ein wenig später.

Fehlt noch Nummer 3 der echten, astronomischen, Definitionen eines Jahres. Wir Forscher nennen es „Siderisches Jahr" (aus lateinisch „sidus" – Gestirn, Stern). Es handelt sich dabei um die Zeit für einen Umlauf unseres Planeten um die Sonne in Bezug auf eine feste Raumrichtung, also in Relation zu einem als unveränderlich angenommenen „fixen" Sternenhintergrund, auch als Fixsternhimmel bezeichnet. In anderen Worten: Wir sprechen hier von einer vollständigen Umkreisung relativ zu Fixsternen. Das ist das Jahr, das ich meinte, als wir weiter oben unsere Fantasiereise zur Sonne durchführten und dabei den Lauf der Erde beobachteten. Das siderische Jahr differiert vom für uns maßgeblichen Tropischen Jahr, weil die Erdachse, wie ich alsbald näher ausführen darf, keineswegs schön brav ihre Richtung im Raum beibehält. Die Länge des Siderischen Jahres, bezogen auf das Jahr 2000, beläuft sich auf 365,2563604167 Tage, gleich 365 Tage 6 Stunden, 9 Minuten und 9,54 Sekunden.

Bevor wir die Kräfte besprechen, die unentwegt an der Erde zupfen und die Jahresdauer verändern, Folgendes: Sollten Sie meinen, ich hätte Sie in Bezug auf das Vorhandensein etlicher weiterer „astronomischer" Jahre angeflunkert, so irren Sie: Denn da gibt es das „Heliakische Jahr", das „Platonische Jahr", das „Finsternisjahr", das „Galaktische Jahr" ... Ich verschone Sie jedoch hierbei mit irgendwelchen Einzelheiten. So verliere ich kein Wort darüber, dass zum Beispiel das Galaktische Jahr die Dauer des Umlaufs der Sonne samt Planetensystem um das Zentrum der Milchstraße - im Ausmaß von 220-250 Millionen Jahren - beschreibt; hat demnach, wie auch das Platonische Jahr, ganz und gar nichts mit der Dauer eines Erdenjahrs gemein.

Haben Sie mal einen Kinderkreisel auf einer glatten Fläche in Rotation versetzt und, derart macht man es ja meistens, ihn ein wenig schräg gehalten und ihm einen Schwung weg vom Körper verpasst? Der beginnt dann zu „eiern", womit ich meine, dass seine Längsachse laufend die Richtung ändert. Diesen Effekt nennt man „Präzession". Etwas wissenschaftlicher ausgedrückt: Als Präzession bezeichnet man die Richtungsänderung der

Achse eines rotierenden Körpers, wenn äußere Kräfte ein Drehmoment auf ihn ausüben. Auch die Erde rotiert bekanntlich, ist daher ein Kreisel und äußere Kräfte sind mannigfach vorhanden - nämlich die von Sonne, Mond, sowie Planeten. Noch ein bisschen präziser formuliert: In Bezug auf die Erde ist mit Präzession die Richtungsänderung der Erdachse gemeint, welche aus der Massenanziehung von Mond und Sonne in Verbindung mit der Abweichung der Gestalt der Erde von der Kugelform (unser Planet hat schließlich einen Äquatorwulst) resultiert.

Wie Sie vermutlich wissen, ist bei sternklarem Himmel die Richtung „Norden" problemlos auffindbar: Sie suchen die unübersehbare Sterngruppierung „Großer Wagen" auf (fälschlicherweise als „Sternbild" bezeichnet, denn es handelt sich bei ihm bloß um einen Teil des Sternbilds „Großer Bär"), verlängern die Strecke zwischen denjenigen beiden Sternen, welche die Wagenrückwand repräsentieren um zirka das 5-fache und gelangen auf diese Weise ganz nahe zum Polarstern. In seiner unmittelbaren Nähe befindet sich gewissermaßen der Durchstoßpunkt unserer ins Unendliche verlängert gedachten Erdachse durch das Himmelsgewölbe. Kurz: Dort, wo der Polarstern steht, ist Norden.

Jetzt versetzen wir uns gedanklich relativ weit zurück in die Vergangenheit, sagen wir in die Zeit, als Ötzi lebte. Das ist nebstbei die Ära als in Mesopotamien und Ägypten die ersten gebrauchsfähigen Schriften entwickelt wurden. Nehmen wir mal an, Ötzi sei ein findiger Mann gewesen und habe sich am Himmel orientieren können, vor allem habe er anhand der Sternpositionen gewusst, wo beispielsweise Norden zu finden war. Das könnte auch damals überaus nützlich gewesen sein. Nur: Hätte sich Ötzi bei einer etwaigen abendlichen Wanderung oder einem nächtlichen Marsch im Mondenschein am Polarstern als Anzeiger der Nordrichtung orientiert, hätte er sich er fulminant verirrt. Damals lag die Nordrichtung nämlich weitab vom Polarstern, eine Folge der Verlagerung der Erdachse, kurzum wegen der Präzession.

Machen wir einen noch weiteren zeitlichen Sprung in die Vergangenheit, nämlich in die Periode, als in Europa die letzten der potentiellen oder wirklichen Konkurrenten des homo sapiens in Bezug auf Nahrung, die grobschlächtig wirkenden Neandertaler, ausstarben - vor ungefähr 24.000 bis 26.000 Jahren. Seinerzeit befand sich der Polarstern, ähnlich wie heute, recht nahe am Durchstoßpunkt unserer ins Unendliche verlängert gedachten Erdachse durch das Firmament. Weshalb sich das so verhält, steht am Ende des nächsten Satzes.

Mit der Präzession haben wir den markantesten Störeinfluss vor uns; für einen vollen Umlauf, den man sich leicht als Kegelumlauf vorstellen kann (die Achse der Erde beschreibt bei dieser Bewegung einen Kegel, an dessen Spitze unser Planet steht), benötigt die Erdachse zirka 25.700 bis 25.800 Jahre. Dieser Umlauf wird durch sich ungleich rascher manifestierende „nickende" Bewegungen der Erdachse sozusagen kontaminiert, welche auf Einflüsse des Mondes, genauer einer Präzessionsbewegung der Ebene der Mondbahn zurückzuführen ist.

Was ist die Folge der Präzession auf das Jahr? Der Frühlingspunkt verschiebt sich. Man pflegt das so auszudrücken: Er präzediert in annähernd 26.000 Jahren einmal rund um die Erdbahn bezüglich des Fixsternhimmels und zwar in einer dem Erdumlauf um die Sonne entgegengesetzten Richtung („rückläufig"). Ergänzung: Vom Polarstern aus gesehen bewegt sich die Erde im Gegenuhrzeigersinn um die Sonne. Da sich das Tropische Jahr an den Frühlingspunkt anhängt, mithin die Erde nach Ablauf eines Tropischen Jahres wieder dieselbe Position bezüglich des Frühlingspunktes einnimmt, muss es folglich kürzer als das Siderische Jahr sein. Damit haben wir einen wesentlichen Grund für einen Unterschied in der Jahreslängendauer zweier astronomischer Jahre ausgemacht.

Das Anomalistische Jahr, welches die eigentliche Bahnperiode der Erde widerspiegelt, da sie sich aus dem Dritten Kepler'schen Gesetz unter Heranziehung des Gravitationsgesetzes ergibt, hat folgende Besonderheit: Das Perihel verschiebt sich und zwar in dieselbe Richtung, in der sich die Erde um die Sonne dreht („rechtläufig"). Diese Achsendrehung der Erdbahnellipse, Periheldrehung genannt, dauert für einen totalen Umlauf rund um die Erdbahn mit Bezug auf den Fixsternhimmel ungefähr 110.000 Jahre. Wir fassen zusammen: Der Frühlingspunkt wandert rückläufig, das Perihel rechtläufig, was heißt, dass die beiden wieder zusammentreffen, bevor ersterer einen vollen Umlauf bezüglich des Fixsternhintergrunds vollendet hat. Etwa 21.000 Jahre dauert es nun „nur", bis sich die gegenseitigen Stellungen von Perihel und Frühlingspunkt wiederholen.

Wenn das bloß alles wäre! Insbesondere dem gravitativen Einfluss der Planeten (vor allem dem massereichen Jupiter mit seiner zirka 318-fachen und dem Saturn mit seiner 95-fachen Erdmasse) ist es zu verdanken, dass sich des Weiteren die Ellipsenform der Erdbahn verändert. Gegenwärtig weicht sie, wie oben erwähnt, nicht namhaft von einem Kreis ab und zeigt sogar eine Tendenz in Richtung noch ausgeprägterer Kreisförmigkeit. Das wird sich jedoch wieder und zwar systematisch, ändern und kann wie folgt präzisiert werden: Die Ellipse, die die Bahn der Erde um die Sonne beschreibt, staucht beziehungsweise dehnt sich mit einem Zyklus von ungefähr 100.000 Jahren. Zusätzlich bleibt der Neigungswinkel der Erdachse, mithin die Schiefe der Ekliptik nicht ganz konstant, sondern schwankt mit einer Periode von annähernd 41.000 Jahren zwischen 22,1 und 24,5 Grad, wobei die derzeitige Achsneigung 23,44 Grad beträgt.

Zudem kippt die Ekliptik ein wenig, periodisch, im Raum mit in einem Zyklus von ungefähr 100.000 Jahren, ebenfalls vor allem durch die Riesenplaneten Jupiter und Saturn bewirkt. Sodann sollten Sie noch wissen, dass laut jüngsten, aber keineswegs gut gesicherten Erkenntnissen die mittlere Entfernung der Erde zu ihrem Muttergestirn geringfügig, um zirka 10 cm pro Jahr, anwächst, was sich langfristig auf die Dauer eines Jahres auswirken sollte.

Ich könnte Sie noch umfangreicher mit zusätzlichen Effekten malträtieren, die den uns so vertrauten, so festgeschrieben erscheinenden Erdumlauf um die Sonne sowie teilweise auch das langfristige Klima nicht bloß beeinflussen, sondern sogar regeln. Ein Jahr ist, wie Sie bemerken mussten, keinesfalls ein leicht fassliches Etwas; es stellt, wenn man es genau nimmt eine, wie ich eingangs schrieb, zeitlich und räumlich verwickelte und verwackelte Angelegenheit dar. Dass ich im vorliegenden Büchlein die kalendarisch durchaus ebenfalls interessanten Begriffe und Definitionen wie Monate und

Wochen nicht näher behandle ist der Fixierung auf „Jahre“ geschuldet.

In der Überschrift dieses Unterkapitels ist neben astronomischen auch von sonstigen Jahren die Rede. Jahre sind, wie wir alle bestens wissen, buchstäblich „Jahr und Tag“ präsent. Es sind Alltagsbegriffe; wenn wir zum Beispiel Lebensjahre meinen, das Geburtsjahr oder Sterbejahr von jemandem. Die Lebensführung von Schülern und deren Eltern ist durch Beginn und Ende des Schuljahrs strukturiert. „Lehrjahre sind keine Herrenjahre“ werden unzählige in der Lehrlingsausbildung stehende oder gestanden habende Menschen vernommen haben, in zumeist missvergnüglichem Zusammenhang. Die in früheren Zeiten unausweichlichen Wanderjahre von Gesellen nach dem Abschluss ihrer Lehrzeit sind allerdings passé.

Das angeblich so lustige Studentenleben ebenfalls; es ist insbesondere gegen Ende des Studienhalbjahrs und Studienjahres – auch als Akademisches Jahr tituliert – alles andere als ein Honiglecken, da mannigfache Prüfungen absolviert und bestanden sein wollen. Die Berufsjahre weisen nebst Höhen bekanntlich ebenfalls Tiefen und Untiefen auf und so manche(r) vermag seine/ihre Pensionsjahre höchst angenehm zu gestalten oder muss alternativ mit gesundheitlichen Wehwehchen zurande kommen. Auf Leidensjahre wollen wir schließlich alle liebend gerne verzichten.

Abgesehen von diesen eher profanen Jahren gibt es solche von spezieller Wertigkeit. Für gläubige Christen ist das Kirchenjahr, das auch als Liturgisches Jahr bezeichnet wird, bedeutsam. Es stellt eine jährlich wiederkehrende Folge von Festzeiten und Festen dar und beginnt für Katholiken und Evangelische mit dem ersten liturgischen Abendgebet am ersten Sonntag des Advents, für Orthodoxe hingegen am 1. September.

Zum Fiskaljahr! Das Ausrufezeichen ist berechtigt, denn dieser ebenso als Wirtschaftsjahr, Haushaltsjahr oder Geschäftsjahr apostrophierte Zeitraum ist von außerordentlich hoher Wichtigkeit für Unternehmen, Kommunen, Länder und Staaten. Häufig ist der Beginn des Fiskaljahrs nicht identisch mit dem Gregorianischen Kalenderjahr, seine Dauer hingegen schon. Ein paar Beispiele: Die USA erstrecken ihr Fiskaljahr vom 1. Oktober bis 30. September des Folgejahrs, Indien startet seines am 1. April und Australien am 1. Juli.

Vom Bankjahr werden sie ebenfalls schon gehört haben. Da gibt es Fälle mit sogar 360 Tagen Bankjahr-Dauer. Auch das Jagdjahr mag Ihnen ein Begriff sein, ebenso die Tatsache, dass es am 1. April beginnt (was sich womöglich auf das wohl bekannte „Jägerlatein" auswirkt) und mit dem 31. März des folgenden Kalenderjahres endet.

Womöglich hat Sie bereits das Jagdfieber gepackt und Ihnen sind dabei weitere derartige Jahre eingefallen. Sind Sie an Botanik interessiert? Wenn ja, mögen Sie irgendwann einmal vom Phänologischen Jahr Notiz erhalten haben, von dem das tatsächliche Eintreffen bestimmter botanischer Ereignisse in gewissen Regionen Zeugnis ablegen. Ein Beispiel gefällig? Wir lesen doch vom sukzessive immer früheren Beginn der Pollenflugsaison aufgrund des Klimawandels, nicht wahr? Dazu passt am Rande auch das Meteorologische Jahr. Auf der

Nordhalbkugel der Erde fängt der meteorologische Winter mit dem 1. Dezember des kalendarischen Vorjahrs an und unterscheidet sich daher von dem um den 21. Dezember einsetzenden astronomischen Winterbeginn.

Schließen möchte ich mit einer Palette von Memorialjahren, die dem Gedenken beziehungsweise der Erinnerung an ein ungewöhnliches Ereignis oder an einen herausragenden Menschen dienen. Die Memorialjahre sind vor allem in Erinnerungsjahre, Gedenkjahre, Jubiläumsjahre und Themenjahre unterteilbar. Ein Beispiel für ein Themenjahr, als vermutlich passendes Finale dieses jahresgeschwängerten Kapitels: Das „Internationale Jahr der Astronomie“ vom Jahr 2009. Begründung: Genau 400 Jahre zuvor, im Jahre 1609, setzten Galileo Galilei und andere erstmals Teleskope für astronomische Beobachtungen ein und Johannes Kepler schuf mit seinem Werk „Astronomia Nova“ die Grundlagen für das Verständnis der physikalischen Gesetzmäßigkeiten, denen die Himmelskörper gehorchen.

3. Die Jahreszählung als Spielball von Politik und Religion

Heute ist der 2. Mai 2012. Nach Christus; was denn sonst? Na, mal abwarten bis gegen Ende dieses Kapitels und Anfang des nächsten …

3.1 Selbstbezogenheiten

Was, in drei Teufels Namen, hat ein Unterkapitel über Egozentriken hier zu suchen? werden manche von Ihnen denken. Glauben Sie mir: Was das Startjahr von Kalendern und die von ihm untrennbare Jahreszählung angeht ungleich mehr, als man anzunehmen geneigt ist. Daher gestatte ich mir, wesentlich ausführlicher zu werden als unbedingt nötig und möchte damit einerseits durchaus etwas Verständnis für die vergangenen und gegenwärtigen Praktiken wecken, andererseits die Notwendigkeit, zumindest in Teilbereichen wie dem Kalenderwesen Änderungen anzudenken und umzusetzen, aufzeigen.

Ich möchte hier anfänglich die meines Erachtens ansprechende, da unmissverständliche, Definition der Egozentrik aus Wikipedia zitieren (http://de.wikipedia.org/wiki/Egozentrik): Sie „… bezeichnet die Eigenschaft des menschlichen Charakters, sich selbst im Mittelpunkt zu sehen und, damit meistens einhergehend, eine übertriebene Selbstbezogenheit (die man nicht mit Egoismus verwechseln sollte) und die Eigenschaft, andere Menschen und Dinge beständig an sich selbst und der eigenen Perspektive zu messen.“ Ich will ergänzen: Mehr oder minder organisierte Zusammenschlüsse von Menschen, beispielsweise solche im Rahmen von Religionen, Nationen, Regionen und dergleichen agieren ganz ähnlich. Ver- und Missachtung von Anderen und Anderem zieht sich, wenn man die Mehrzahl der Wirkungen dieser sozialen und geistigen Haltung besieht, wie eine Brandspur durch die Geschichte des homo sapiens. Sie macht, so kommt man nicht umhin zu vermuten, einen inhärenten, gleichwohl beherrschbaren Teil der menschlichen Natur aus, denn über Altruismus und Empathie verfügen zahlreiche Menschen ebenfalls.

Jeder von uns kennt Zeitgenossen, die vor Selbstbezogenheit strotzen - und ein Blick in die Vergangenheit und Gegenwart belegt mannigfache Tendenzen, ja Auswüchse, in großem Umfang, was das Verhalten von Gesellschaften angeht. Glücklicherweise sind etliche dieser Tendenzen harmlos und mit einem (womöglich etwas schiefen) Lächeln abzutun. Insbesondere in Österreich und Bayern kennt man bestens die Redewendung „Mir san mir!“, wobei die zugehörige Mentalität nicht näher präzisiert zu werden braucht.

Ich will ein wenig in der Nachbarschaft verweilen und die durchaus keineswegs selten bei Bayern anzutreffende Einschätzung von deren Mitstaatsbürgern nördlich des Weißwurstäquators ansprechen. Sie wissen, vom wem die Rede ist: von den „Preissn“. Etwa mit einem Satz, der vor wohl vielen Jahren, aber immerhin im bayrischen Fernsehen, anlässlich einer filmischen Kurzpräsentation von in Berlin Eis laufendem Volk geäußert wurde und mir lebhaft im Gedächtnis verblieben ist: „...

man tummelt sich auf saupreußischem Eise ...". In Tirol gedeiht der Gott-sei-Dank nicht allzu ernst zu nehmende Spruch "Bisch a Tiroler, bisch a Mensch." ("Bist du ein Tiroler, bist du ein Mensch."). Dieser Ausspruch wird bisweilen fortgesetzt. „..., bisch koa Tiroler, bisch a Oa.......". Nein, das letzte Wort auszuschreiben und gar zu übersetzen, bringe ich halt doch nicht übers Herz!

Jetzt aber vorerst Schluss mit lustig. Blicken wir gen Süden, über den Brenner. In Bozen steht das auf Mussolinis Initiative hin errichtete und im Jahre 1928 eingeweihte Siegesdenkmal, versehen mit einem lateinischen Spruch aus 2 Sätzen, dessen zweiter auf Deutsch übersetzt wie folgt lautet: „Von hier aus bildeten wir die Übrigen durch Sprache, Gesetze und Künste". In der ursprünglichen Textversion hatte man, las ich, anstelle von „die Übrigen" den Ausdruck „die Barbaren" vorgesehen. Man kann sich vorstellen, welche Gefühle bei nicht wenigen Südtirolern, deren Land immerhin als Kriegsbeute an Italien gefallen war, dadurch hervorgerufen werden können.

Auch Menschen, denen man zu Recht einen Geniestatus zubilligt, mithin in geistigen Belangen herausragende Personen, sind vor einer Geringschätzung von ihnen Unvertrautem nicht gefeit. Bereits als jungen Erwachsenen hat mich der von mir als halbgottgleich verehrte Goethe mit folgender Kurzprosa irritiert, später geschockt: „Chinesische, indische, ägyptische Altertümer sind immer nur Kuriositäten; es ist sehr wohlgetan, sich und die Welt damit bekannt zu machen; zu sittlicher und ästhetischer Bildung aber werden sie uns wenig fruchten." Eine anmaßende, schlichtweg dumme Aussage, die von Selbstbezogenheit zeugt, indem sie die eigene, westliche Kultur als überlegen ansieht. Kurioserweise, darf ich anmerken, war es über sehr lange Zeiträume genau umgekehrt und hätte es zum Beispiel im Zeitraum von vor 1.500 bis vor 500 Jahren außerirdische Besucher gegeben, wären diese wahrscheinlich von den Kulturleistungen beispielsweise im alten China ungleich mehr als von denen ihrer europäischen Pendants beeindruckt gewesen.

Wenn von verächtlichen Sichtweisen gegenüber Fremdem die Rede ist, darf keinesfalls die brutale Vorgehensweise der Konquistadoren im 16. und 17. Jahrhundert dem Vergessen anheimfallen. Die von christlichem Gedankengut durchtränkten und sich moralisch/sittlich und in religiöser Hinsicht unendlich überlegen dünkenden Eroberer Mittel- und Südamerikas hatten offenbar keinen Hauch von Bewunderung für die zahllosen, aus heutiger Sicht künstlerisch häufig genug bewundernswerten Gegenstände der hochstehenden Kulturvölker aus diesem Teil der Welt aufzubringen vermocht.

Waren die Kunst- und Kultobjekte aus Gold, schmolz man sie ein, den Rest zerstörte man und hatte dabei wahrscheinlich auch noch die Genugtuung, etwas Gottgefälliges, heißt Lobenswertes vollbracht zu haben. Die Missionierung der dortigen indigenen Völker, im Bewusstsein durchgeführt, ihnen die wahre und einzig richtige Lehre zu vermitteln, wurde mit einer derartigen Mischung aus Hingabe und Ruchlosigkeit vollzogen, dass man selbst heute noch als Europäer das Antlitz vor Scham zu verhüllen versucht sein sollte. Stets galt das Motto: Die eigene Perspektive war die einzig richtige und der christliche Gott musste den Einheimischen, zum

„höheren Wohle", falls nötig mit Gewalt eingebläut werden. Abermillionen Opfer dieser religiösen Egozentrik sind zu beklagen.

Kritik an regionalen und in benachbarten Gebieten vorzufindenden Egozentriken ist eine einfache Übung, denn man weiß heutzutage von unzähligen Beispielen. Woanders auf diesem Planeten verhielt und verhält es sich freilich nicht sehr verschieden davon. Nehmen wir zum Beispiel China. Seit alters her nennt sich dieses große Land „Reich der Mitte"; selbstredend wollte man damit zum Ausdruck bringen, man läge im Zentrum allen Seienden; eine abweisende, geringschätzige Haltung gegenüber fremden Ländern und Kulturen war dadurch vorprogrammiert. Wie ausgeprägt diese Haltung war, ersieht man unter anderem an der Konstruktion des Kaiserpalasts in Peking, der als „Verbotene Stadt" weltbekannten prächtigen Anlage.

Dieses streng an einer Nord-Südachse ausgerichtete Meisterwerk chinesischer Architektur entsprach der Weltsicht der kaiserlichen Herrscher. Im inneren Hof, in dem die kaiserliche Familie und Teile des Hofstaats residierten, findet man den Palast der Himmlischen Reinheit, die Halle der Berührung von Himmel und Erde sowie den Palast der Irdischen Ruhe. Damit war nicht nur die Verbindung zu allem Weltlichen, sondern auch zu Himmlischem hergestellt. Was sollte schon einem Reich zustoßen können, das die Herrschenden samt Volk im Zentrum des Irdischen und des Kosmos wähnten? Das böse Erwachen aus der Selbstbezogenheit erfolgte im 19. Jahrhundert, angesichts der überlegenen Waffentechnik plus Gebrauchs derselben seitens der westlichen Mächte.

Noch heute – ich äußere mich jetzt als einer, der viele Male China und Taiwan bereisen konnte und seit über 3 ½ Jahrzehnten mit einer Chinesin verheiratet ist – haben eine Anzahl gebildeter Chinesen den „Großnasen", also Europäern, diese schmachvolle Erniedrigung nicht vollends verziehen. Die Retourkutsche ist am Rollen.

Sie und ich könnten mit beliebig vielen Beispielen für das frühere und heutige Vorhandensein einer nicht selten mit unermesslicher Ignoranz, Dummheit und Schädlichkeit einher gehenden Egozentrik fortfahren. Kommen wir jedoch zum eigentlichen Thema zurück, den Kalendern, die seit Jahrtausenden nicht nur in hoch entwickelten Kulturen von namhafter Bedeutung waren und sind. Den Kalendern, die beinahe alle auf Selbstbezogenheiten, auf einer ausgeprägten Überhöhung der eigenen Stellung fußen. Beziehen wir uns, als Einstieg, ruhig wieder auf frühere Gegebenheiten in sozusagen geographischer Nähe, wohl wissend, auf diese Weise selbst nicht frei von der oben kräftig kritisierten Nabelschau zu sein.

Einer der überregionale Bedeutung erlangt habenden, gleichwohl extrem blutigen Umstürze der letzten paar Jahrhunderte in Europa war die Französische Revolution. Maßgebliche Herren wagten dabei unter diesen außergewöhnlichen Rahmenbedingungen sozusagen auch die Guillotinierung der herkömmlichen gregorianischen Zeitrechnung und schufen den „Französischen Revolutionskalender" oder „Republikanischen Kalender", der offiziell ab 22.9.1792 galt, obgleich etwas über 3 Jahre zuvor, unmittelbar nach der Erstürmung der Bastille das „Jahr Eins der Freiheit" ausgerufen worden war.

Am 10.8.1792, mit dem Tuileriensturm, wurde das laufende Jahr in „Jahr I der Gleichheit“ und am erstgenannten Datum, dem Tag der Abschaffung der Monarchie, das Jahr in das „Jahr I der Republik“ umgetauft. Diverse kalendarische Eskapaden, allesamt unter dem Mäntelchen einer als wünschenswert empfundenen radikalen Reform der Zeitrechnung, schossen während und nach dieser Umstellung ins Kraut. Ich will es kurz machen: Am 31. Dezember 1805 war es mit dem Republikanischen Kalender, der interessanterweise ein Zweidritteljahrhundert später, während der linksextremen Pariser Kommune 1871 noch einmal wiederbelebt wurde, vorbei.

Ist das, fragte ich mich auch beim Studium so manch anderer fehlgeschlagener Versuche eines Neubeginns einer etablierten Jahreszählung, ein deutlicher Fingerzeig auf die a priori Aussichtslosigkeit derartiger Versuche? Bisher vermochte ich eine Antwort darauf zu verdrängen ...

3.2 Gängige Kalender

Falls Sie sich in den letzten Jahren an einem 31. Dezember TV-Abendnachrichten zu Gemüte führten, werden Sie Berichte gesehen haben, die eklatant an die am selben Tag der Vorjahre gesendeten erinnerten und ob ihrer ständigen Wiederholung schon zu einer Art Ritual ausgeartet sind: Volksmassen in Sydney, Taipei, Tokio und einigen anderen geografisch von uns aus sehr weit östlich/südöstlich gelegenen Metropolen, die den Beginn des jeweils neuen Jahrs bejubeln. Wir wissen, weshalb:

Dort haben die Menschen die Silvesterfeiern zur Zeit unserer Abendnachrichten bereits hinter sich. Können Sie sich jedoch auch an ähnliche Menschenaufläufe inklusive Jubelstimmung aus ebendemselben Grund in Peking oder Shanghai entsinnen? Nein? Kein Wunder.

Wir fragen uns: Weshalb feiern beispielsweise Bewohner der nationalchinesischen Hauptstadt Taipei, die doch vom Buddhismus, welcher einen altehrwürdigen Kalender aufweist, in der Nacht vom 31. Dezember auf den 1. Januar so frenetisch den Beginn des neuen Jahres? Wieso treffen wir zur selben Zeit in Tokio auf vor Begeisterung kreischende und grölende Zehntausende, wo doch das shintoistisch-buddhistisch-konfuzianistisch beeinflusste Japan ebenfalls einen Kalender Marke Eigenbau besitzt? Eine analoge Frage in Bezug auf Sydney braucht verständlicherweise nicht gestellt zu werden, aber bezüglich der an einem 31. Dezember kaum feiernden Festlandchinesen sehr wohl.

Sollten Sie bereits die Gelegenheit wahrgenommen haben, die beiden obigen „T-Städte“ bereist zu haben (wenn noch nicht – tun Sie's und nehmen Sie das hinreißend elegante Singapur unbedingt mit auf ins Reiseprogramm!), wissen oder zumindest ahnen Sie die Antwort: Die Menschen dort sind in einem Maße amerikanisiert, dass man aus dem Staunen nicht herauskommt. Amerika, besser ausgedrückt, ein sehr erheblicher Teil der US-Bürger, ist vom in vielerlei Spielarten auftretenden Christentum durchdrungen und folglich hat die christliche Zeitrechnung die jeweiligen einheimischen Kalender in etlichen anderen Staaten darunter die eben genannten, marginalisiert.

Reist man durch chinesische Großstädte, egal durch welche, könnte man hinsichtlich Amerikanisierung dasselbe meinen: Englischsprachige Bezeichnungen und Beschriftungen allenthalben, eine Architektur, bei der man zweimal hingucken muss, um namhafte Unterschiede zur typisch amerikanischen zu erkennen und vor allem ein Arbeits- und Konsumverhalten, das die Bezeichnung „turbokapitalistisch“ verdient. Nur eben Eines nicht: „christlich“. Ich könnte wegen meiner weiter oben kurz geäußerten China-Affinität relativ ausführlich werden, warum sich das derart verhält. Bloß so viel: Unser Gottesbegriff ist nicht nur den allermeisten Festlandchinesen äußerst schwer übersetz-, geschweige denn vermittelbar und bei Versuchen, die religiöse Natur von Jesus Christus zu erklären, stößt man auf peinlich berührendes Unverständnis samt noch peinlicherem Schweigen. Vermutlich werden sich nicht wenige Chinesen bei solch einschlägigen Bemühungen einen Spruch ähnlich dem Asterix`schen „die spinnen, die Römer“ denken.

Selbstverständlich wird das die auffallend pragmatisch handelnden Chinesen nicht davon abhalten, den ohnehin als überlegen und sogar hochoffiziell anerkannten Gregorianischen Kalender in Korrespondenzen und Verhandlungen mit Westlern und anderen Ausländern zu gebrauchen. Zuhause, sowie bei in größerer Stückzahl vorhandenen Auslandschinesen jedoch - womit ich auf aus Anlass eines neuen Jahres fröhlich feiernde homines sapientes zurückkomme - begeht man einzig den Beginn des „chinesischen“ Neujahrs. Dessen Eintreffen ändert sich von Jahr zu Jahr, fällt zumeist auf unseren Februar und wird vor allem dazu verwendet, um teils tagelange von ausgedehnten Schmausereien flankierte Besuche bei den Verwandten zu absolvieren.

Apropos „Beginn eines Jahres“. Unseres westlichen, christlichen Jahres. Der 1. Januar als Jahresanfang ist uns dermaßen in Fleisch und Blut übergegangen, dass sich kaum jemand vorstellen will, es sei jemals anders gewesen. Das war indes der Fall, wie man anhand zahlreicher Beispiele belegen kann: In Großbritannien (mit Ausnahme von Schottland) etwa wurde der 1. Januar als Jahresbeginn, beinahe gleichzeitig mit der Einführung des Gregorianischen Kalenders, etabliert; vorher – ab dem 12. Jahrhundert – war der gesetzliche Jahresbeginn der 25. März. Das zog die bemerkenswerte Auswirkung eines mit 282 Tagen überaus kurzen Jahres 1751 mit sich.

In Frankreich hatte man 1564, in Spanien und Portugal 1556, in Venedig 1522, im Heiligen Römischen Reich Deutscher Nation 1544 und in Schweden 1559 den 1. Januar als Jahresbeginn festgelegt. In etlichen anderen Ländern verfuhr man eher nach politischer Lust und Laune: Der Jahresanfang wurde mal auf diesen, dann auf jenen Tag verlegt. Pikanterweise gab es in päpstlichen Bullen und Anhängen aus dem 16. Jahrhundert keine unmissverständliche Anleitung, auf welchen Tag der Jahresstart zu legen sei, indirekte indes schon: Tabellen von Heiligen geweihten Tagen, eine davon aus dem Jahr 1582, enden an einem 31. Dezember. Für unsereins ist es schwer verständlich, wie man noch nach dem Ende des Mittelalters mit einem solchen Jahresanfangstohuwabohu in Europa zurande kommen konnte. Noch dazu, da doch bereits in der Römischen Republik ab 153 v. Chr. und später in der Kaiserzeit der 1. Januar als 1. Tag eines neuen Jahres fest verankert war.

Das eben abgekürzt geschriebene „vor Christus“ dient mir zu Anlass, rasch die Bezeichnungsweise der Jahreszählung „vor" beziehungsweise „nach" der Geburt Christi, für die kalendarisch das Jahr 1 angenommen wird, abzuhandeln. Ein sich als säkular verstanden habender Staat, wie es die DDR war, hat den Bezug auf Christus naturgemäß vermeiden wollen, ebenso taten und tun dies teilweise Konfessionslose oder sich nichtchristlichen Religionen verbunden Fühlende. Im deutschsprachigen Raum steht dafür insbesondere das „v. u. Z." und „n. u. Z" (vor und nach unserer Zeitrechnung) im Gebrauch, bisweilen auch das „v. d. Z." und „n. d. Z." (vor und nach der Zeitenwende). Man beachte: Trotz dieser verbalen Kosmetik wurde am Referenzzeitpunkt der Geburt Christi für die Jahreszählung nicht gerüttelt!

Hin zur Vielfalt von gegenwärtig existierenden Zeitrechnungen auf unserem Planeten und zum Faktum, dass sich bloß eine, die christliche, international durchzusetzen vermochte. Eine kleine Einschränkung indes vorneweg, da wir die Internationalität ansprechen: Es gibt nämlich eine Empfehlung über Zeitangaben und numerische Datumsformate namens ISO 8601. Die 1947 gegründete „ISO" steht für „Internationale Organisation für Normung", repräsentiert eine Vereinigung von Normungsorganisationen und erstellt internationale Normen in vielen Bereichen. Die Norm ISO 8601 empfiehlt, nebst einer einheitlichen Schreibweise der Uhrzeit (zum Beispiel 09:55:35 für 9 Uhr, 55 Minuten und 35 Sekunden, um gleich mal die von mir eben am Rechner abgelesene Uhrzeit zu verwenden), eine ebensolche für das Datum, nämlich JJJJ-MM-TT.

In meinem Fall hätte ich dafür heute zu schreiben 2012-05-08, für den 8. Mai 2012. Der Gebrauch dieser

Formate wird vornehmlich für die internationale Korrespondenz empfohlen. Die Ziffernreihenfolge, mit größeren Einheiten vor den kleineren, entspricht der natürlichen Wertigkeit von Zahlen; auf diese Weise kann problemlos das JJJJ erweitert werden, etwa auf JJJJJ oder JJJJJJ, was ich, wie später beschrieben, schamlos auszunutzen gedenke …

Wie zu erwarten, wird für ISO 8601 der Gregorianische Kalender verwendet; er wird jedoch für die Zeit vor seiner Einführung im Jahre 1582 rückgerechnet, wobei man ihn dann den „proleptischen" Gregorianischen Kalender nennt. Mit „proleptisch" (griechisch „vorgezogen") bezeichnet man in der Zeitrechnung ein Zeitsystem, das über seinen definierten Nullpunkt hinaus in die Vergangenheit zurückreicht. Eine weitere Empfehlung von ISO 8601: Nach einer zusammenhängenden Datums- und Uhrzeitangabe soll die Differenz zur Koordinierten Weltzeit (UTC) angeführt werden. Zwei Besonderheiten zum Schluss: Ein Jahr „Null" samt Jahresangaben mit negativen Vorzeichen sind vorgesehen – und eine Datierung „vor" oder „nach" Christus wird nicht mehr benutzt. Gleichwohl gilt: Von einer neuen Jahreszählung keine Spur, denn die Geburt des Jesus aus Nazaret dient weiterhin als Referenz.

Unter „Gregorian calendar" und „Jahr" findet man in Wikipedia je eine, jeweils circa 2 Dutzend Einträge umfassende Tabelle, in der das christliche Jahr 2012 auf andere in der Regel noch in Gebrauch stehende Kalender umgemünzt wird. Der ausführlich in den Medien und esoterischen Kreisen ob des vorgeblich, noch dazu auch kalendarisch unsinnigen, für den 21. beziehungsweise 23.12.2012 vorhergesagten Weltuntergangs zitierte Maya-Kalender blieb dabei, da nicht mehr in Verwendung, unberücksichtigt. Aus der im Wikipediabeitrag „Jahr“ präsentierten Tabelle seien im Folgenden, als Beispiele, ein paar Kalender mit sehr niederen und die 4 mit den höchsten Jahreszahlen herausgegriffen.

Zusätzlich werden anschließend der „Buddhistische Kalender“ sowie der „Islamische Kalender“ kurz vorgestellt, weil beide international relevant sind. Sollten Sie übrigens an der Vielfalt des Kalenderwesens Geschmack finden, so rate ich Ihnen, den Wikipediabeitrag „Liste der Kalendersysteme“ anzuklicken. Dort finden Sie eine derartige Fülle von Kalendern samt Zugang zu Beschreibungen, dass einem schier die Augen übergehen.

Das Jahr 2012 entspricht, zumindest ungefähr, dem Jahr, besser ausgedrückt dem „Nengō“ - einem Ära-Namen - Heisei 24. Sie mögen es erraten haben: Wir behandeln eine japanische Jahreszählung. Dieses Nengō-System wird in offiziellen Dokumenten bis heute verwendet, ist sogar bei Behörden verbindlich. Japanische Ära-Namen wurden im Jahr 645 n. Chr. eingeführt. Die einzelnen Ära-Bezeichnungen beruhten teils auf dem Amtsantritt eines neuen Tennō und sind, seit 1979 gesetzlich verankert, stets mit dem Kaisernamen des regierenden Tennō identisch. Der gegenwärtige Kaiser Akihito bestieg am 7. Januar 1989 den japanischen Chrysanthementhron, und gab seiner Regierungszeit den Namen Heisei („Friede überall“). Folglich befinden sich die Japaner derzeit im Jahr Heisei 24. Soweit zum Kalender mit der momentan kleinsten Jahreszahl.

Gleich 2 Kalender befinden sich im Jahr 2012 in ihrem 101. Jahr. Beginnen wir mit dem „Juche-Kalender“, der in einem der sehr wenigen Staaten in Verwendung steht, die mit unserem westlichen Kalender, was die Jahreszählung betrifft, weder etwas anfangen können noch wollen. Seien Sie bereit, sich ein wenig auf die Folter spannen zu lassen: „Juche", etwas originalquellennäher auch als „Chuch'e" geschrieben, bedeutet „Selbständigkeit" und stellt nichts anderes als eine politische Ideologie dar. In dieser Ideologie wird zudem das Land, welches diese Ideologie nebst dem dazugehörigen Kalender vertritt, als eines angesehen, das eine ganz besondere Rolle habe und demgemäß im Mittelpunkt der Welt stehe. Die Chuch`e-Ideologie sei ewig gültig. Neun Jahre nach dem Tod dessen, der diese Ideologie schuf, wurde offiziell der Juche-Kalender eingeführt; er beginnt mit dem Geburtsjahr eines einst „geliebten Führers".

Wahrscheinlich wissen Sie nunmehr, wer derartige kalendarische und ideologische Absurditäten auch heute noch hochhält. Richtig: die nordkoreanische Führung. Das gregorianische Jahr 2012 entspricht dem Jahr 101, da Kim Il-sung, der Großvater des derzeitigen „obersten Führers" Kim Jong-un, im Jahr 1912 (als Juche 1 geführt) geboren worden war. Es sei ergänzt: Im Juche-Kalender beginnt das Jahr mit dem 1. Januar und die Schaltregeln sind vom Gregorianischen Kalender übernommen.

Das Jahr 1912 n. Chr. hat eine besondere Bedeutung für Chinesen; insbesondere für jene 23 Millionen, die auf Taiwan leben. Dort in der „Republik China" ist, neben der vorherrschenden christlichen Zeitrechnung, in Ämtern und Behörden noch der „Minguo-Kalender" in Gebrauch. „Minguo" steht für „Land des Volks", mithin „Republik". Im Jahr 1912 wurde nämlich in China, nach der Abdankung des letzten Kaisers, eine Republik ausgerufen. Taiwan sieht sich als legitimer Nachfolger dieser Republik, während 1949 am Festland die kommunistische Volksrepublik gegründet wurde. Wie im Juche-Kalender, der mit dem Minguo-Kalender allerdings ansonsten nichts zu tun hat, beginnt das neue Jahr an einem 1. Januar und die Schaltregeln wurden ebenfalls vom Gregorianischen Kalender übernommen. Wie rechnerisch leicht nachvollziehbar, schreibt man im Minguo-Kalender statt des christlichen Jahres 2012 die Jahreszahl 101.

Am jahreszahlenmäßig anderen Ende findet sich an erster Stelle der „Byzantinische Kalender". In ihm wird die Erschaffung der Welt auf den 1. September 5509 v. Chr. datiert. Für das Jahr 2012 schreibt man folglich die Jahreszahlen 7520-7521. Die Byzantiner wähnten sich in einem Reich lebend, auf das die Schöpfungsgeschichte naturnotwendig ausgerichtet war. Diese Ausgerichtetheit enthielt offenkundig arge Prüfungen. Seit dem Schisma von 1054 n. Chr. war nämlich der Hass der Westkirche (der „Lateiner") auf die Ostkirche (die „Griechen" oder „Byzantiner") gewachsen. Die schismatischen Byzantiner, hieß es, waren der Verwahrung der bedeutsamsten Reliquienschätze der Welt unwürdig geworden, was nicht unwesentlich dazu beitrug, dass sich die Teilnehmer des 4. Kreuzzugs an Byzanz („Konstantinopel") und damit an ihren dortigen christlichen Brüdern vergriffen.

Ich zitiere dazu aus dem Buch „Geschichte der Kreuzzüge" von Hans Eberhard Mayer, 8. Aufl., W. Kohlhammer GmbH, 1995, Seite 179: „Am 13. April 1204 war alles zu Ende. Drei Tage lang herrschte ein unbeschreibliches Morden und Plündern in der Stadt. Unersetzliche Kulturwerte in unvorstellbarer Zahl gingen in den Händen der barbarischen Soldateska zugrunde ...“.

Sollten Sie sich wundern, weshalb ich diesen Ausritt aus der kalendarischen Beschreibung wage: Auch diese Begebenheit – eine von zahlreichen mehr oder minder ähnlichen – soll dazu beitragen zu reflektieren, inwieweit es alleine schon moralisch rechtens ist, die allgegenwärtige christliche Zeitrechnung auf diesem Planeten ad infinitum weiterzuführen.

Das Jahr 5772 oder 5773 verwenden die Juden, wenn sie unser Jahr 2012 meinen. Die Rede ist hier vom „Jüdischen“ oder „Hebräischen“ Kalender. Das jüdische Jahr fängt gegenwärtig im Herbst mit dem Monat Tischri an, der nach jüdischer Auffassung denjenigen Monat repräsentiert, in dem die Erschaffung der Menschheit stattfand. Da sich der Kalender als „Lunisolarkalender“ an Mond und Sonne ausrichtet, ist eine ganz eigene, komplexe Schaltregulierung in Kraft. Der Jüdische Kalender zählt die Jahre ab der biblischen Schöpfung der Welt, welche für das Jahr 3761 v. Chr. angenommen wird.

In Hinsicht auf hohe Jahreszahlen ist es des Weiteren der „Chinesische Kalender“ wert, erwähnt zu werden. Er steht, praktisch ausschließlich, für diverse Feiertage in Verwendung und firmiert, übersetzt, als „Bauernkalender“. Es handelt sich bei ihm wiederum um einen Lunisolarkalender, allerdings einen, der überaus kompliziert zu berechnen ist, weil er nicht auf mittleren Werten, sondern auf den exakten astronomischen Stellungen von Mond und Sonne beruht. Ein Jahr beginnt am 2. Neumond nach der Wintersonnenwende und kommt, nach Gregorianischem Kalender, in den Zeitraum 21. Januar bis 21. Februar zu liegen. Man kann lesen, das Jahr 2012 sei größtenteils in das chinesische Jahr 4709 transformierbar, begegnet dabei jedoch einer eigentümlichen Schwierigkeit: Laut alten Texten sei der Kalender seit knapp 5 Jahrtausenden in Gebrauch, laut archäologischer Evidenz indes seit dreieinhalbtausend Jahren. Es ist daher nicht überraschend, dass eine fortlaufende, dem gregorianischen Kalenderjahr 2012 entsprechende Jahresangabe „4709" ziemlich selten verwendet wird.

Als Kalender mit der 4.-längsten Jahresangabe landen wir nunmehr erneut bei einem koreanischen Kalender und zwar bei einem, mit dem die so genannte Dangun-Ära kalendarisch gemessen wird. In der koreanischen Mythologie figuriert nämlich ein gewisser Dangun Wanggeom als Begründer des ersten koreanischen Königreichs. Angeblich hatte Dangun im Jahr 2333 v. Chr. den Thron bestiegen, was die Gleichsetzung des Jahres 4345 im „Dangun-Ära-Kalender" mit dem Jahr 2012 in der an Jesus Christus ausgerichteten Jahreszählung erklärt. Der Kalender steht heutzutage nur noch gelegentlich und zwar in Südkorea in Verwendung.

Führen wir uns jetzt, als vorletzten nichtchristlichen Kalender, den „Buddhistischen Kalender" kurz zu Gemüte, in dem unserem Jahr 2012 das Jahr 2556 (nach einer anderen Lesart 2555) entspricht. Der Grund dafür ist rasch erklärt: Die buddhistische Jahreszählung beginnt, als Jahr 1 (nach der anderen Lesart im Jahr 0), im Jahre 544 v. Chr., dem Todesjahr des Siddhartha Gautama, genannt „Buddha". Das „Neujahr" wird in buddhistischen Ländern kalendarisch verschieden angesetzt, sodass ein Jahr der buddhistischen Zeitrechnung am 1. Januar, mit dem ersten Frühlingsneumond, mit dem vierten Vollmond des Mondjahres oder einem anderen Tag beginnen kann. In den letzten Jahrzehnten scheint sich freilich ein Neujahrsbeginn zum 1. Januar durchzusetzen. Der Buddhistische Kalender ist insbesondere in Burma, Sri Lanka und Thailand in Gebrauch.

Schlussendlich zum „Islamischen Kalender", der in mehreren islamischen Ländern, aber auch da neben dem Gregorianischen Kalender verwendet wird und zwar für vor allem religiöse Zwecke. Es handelt sich beim Islamischen Kalender um einen Mondkalender. In ihm entspricht 2012 dem Jahr 1433 beziehungsweise 1434. Startpunkt der Zählung ist der 1. Muharram, das heißt der 16. Juli 622 n. Chr., dem Anfang des von der islamischen Tradition festgelegten Jahres der Hidschra, der Auswanderung des Propheten Mohammeds aus Mekka nach Medina. Wie allgemein bekannt, wird im Islam Jesus jedwede Göttlichkeit abgesprochen, sondern er wird als einer von mehreren Propheten begriffen.

Thronbesteigungen, mythologische oder wirkliche Reichsgründungen, eine Auswanderung von einer Stadt in eine andere, Geburts- oder Todesjahre von vermeintlich oder historisch nachweisbar tatsächlich bedeutenden Persönlichkeiten als Anfänge von Zeitrechnungen ... all das quillt über vor Selbstverliebtheit, vor Überhöhung, vor Bezugnahme nur auf die *eigene* Geschichte. Grotesk.

Wo, so dürfen wir uns fragen, hat man denn bei einem Beginn einer Jahreszählung über den eigenen Tellerrand hinausgeblickt? Die Eliten in den diversen Erdgegenden wussten schließlich, dass die Welt jenseits dieses oder jenes Bergrückens, jenseits einer Wüste, jenseits des Wassers nicht oder nicht notwendigerweise zu Ende war, auch wenn derlei Wissen oder begründete Vermutungen aus Bequemlichkeit und Selbstbezogenheit selten propagiert wurden. Eben diese Eliten waren jedoch gewöhnlich auch in kalendarische Festlegungen eingebunden.

Auf den ersten Blick scheinen hierfür leuchtende Ausnahmen zu gelten, wenn wir die Kurzbeschreibungen des byzantinischen und des hebräischen Kalenders Revue passieren lassen. Bei beiden fängt die Jahreszählung mit nichts Geringerem als der Erschaffung der Welt an! Keine Spur von Egozentrik - vermeintlich. In Wahrheit wuchert Selbstbezogenheit pur auch hier, denn Jerusalem wurde als das Zentrum der Welt befunden, nachzulesen beim hoch angesehenen Ezechiel, einem Propheten des Alten Testaments, der um das 6. Jahrhundert v. Chr. gelebt haben soll. Immerhin, es steht geschrieben bei Ezechiel 5,5: "So ergeht es Jerusalem. In die Mitte der Völker setze ich es, und rings in seinen Umkreis die Länder".

Versöhnliche Worte sind indes abschließend, trotz allem, am Platz. Es ist nämlich billig, über Vergangenes zu richten. Die, auch kalendarische, Selbstbezogenheit ist und war offensichtlich etwas zutiefst Menschliches, wenngleich etwas Beherrschbarsein-Sollendes. Gewichtiger ist ein anderer Einwand: Man müsste die seinerzeitigen Geisteshaltungen und Handlungen, in unserem Fall die mit Bezug auf Jahreszählungen, aus der jeweiligen Zeit, sprich aus den jeweils da und dort geherrscht habenden politischen, religiösen und Wissenssituationen heraus verstehen. Wir können uns jedoch in jene damaligen Situationen nicht angemessen versetzen, sodass unser Verständnis bis zu einem gewissen Grad Makulatur bleibt beziehungsweise bleiben muss.

Die *heutigen* Verhältnisse auf unserer, als viel größer und zugleich, im kosmischen Vergleich ungleich kleiner erkannten Welt sind aber dem Verständnis dann einigermaßen zugänglich, wenn man sich bemüht, Augen, Ohren und vor allem den Geist offen zu halten. An Zugang zur Information (auch objektiver Information!) besteht nämlich gegenwärtig und in absehbarer Zukunft glücklicherweise keinerlei Mangel.

3.3 Ein blasphemischer Vorschlag

Zum Auftakt Unblasphemisches. Belege für eine zunehmende Vernetztheit der Menschen auf dieser unserer Erde oder, um es etwas realitätsnäher auszudrücken, wechselseitige „Abhängigkeiten", sind problemlos aufzuspüren. Ich beginne mit Letzteren und zwar mit Naturvorgängen. Logischerweise wäre ein Astronom wie ich geneigt, auf die mannigfachen Weltallprozesse – darunter die mittels des Umlaufs der Erde um die Sonne sich manifestierenden – Bezug nehmen zu wollen, da wir alle unmittelbar davon abhängig sind. Bloß ist uns dies ja ohnehin eingängig und erfreulicherweise sind irgendwelche dräuenden Gefahren aus Änderungen dieser astronomischen Gegebenheiten nicht erkennbar. Daher stoppen wir hier derlei Gedankengänge.

Wenn hingegen eine heftige Vulkaneruption irgendwo auf der Welt stattfindet – eine Anzahl von uns wird sich zum Beispiel des im Jahre 1991 erfolgten Ausbruch des Pinatubo, eines der gewaltigsten Vulkanereignisse des 20. Jahrhunderts entsinnen – kann das von globaler Relevanz sein. Die Auswirkungen der Pinatuboeruption waren in der Tat weltweit spürbar. Monatelang legte sich eine filigrane Schicht aus schwefelsäurehaltigem Nebel um die Erde und ein Temperaturabfall um etwa ½ Grad Celsius war zu verzeichnen. Der Ausbruch des Krakatau im Jahre 1883 brachte noch ausgeprägtere globale Effekte mit sich. Seit Jahren hören wir jedoch von einem ganz anderen global wirksamen Szenario, das zu einem Teil auf die Natur, zum anderen aber auf den Einfluss des Menschen zurückgeführt wird: die „globale Klimaerwärmung".

Wir sollten uns dabei bewusst sein, dass dieser von der Mehrzahl der damit befassten Fachleute als bedrohlich angesehener Anstieg der mittleren Temperaturen samt seiner vielfältigen, teils mutmaßlichen, Folgen erst durch internationale Zusammenarbeit, sprich Datenaustausch und multidisziplinäre wissenschaftliche Interpretation, erkannt und letztlich ins öffentliche Bewusstsein gerückt werden konnte. Damit stellt die globale Klimaerwärmung eines der markanten Bespiele für eine funktionierende Vernetzung dar, wie sie insbesondere Wissenschaftler seit Jahren und Jahrzehnten, und dies zunehmend, vorleben. Es existieren freilich auch Netzwerke, die zurzeit mit Argusaugen betrachtet werden müssen. Stichworte: Bankenwesen und sonstige Wirtschaftsverflechtungen. Hier bleibt zu hoffen, dass aus Fehlern der jüngsten Vergangenheit und Gegenwart die richtigen Lehren gezogen werden.

Der Standard-Bürger, mithin „Resi und Otto Normalverbraucher", springt immer mehr auf den Zug der Vernetzung auf. Es ist nicht nur selbstverständlich geworden, aktuell mit Informationen zu Vorgängen irgendwo auf der Welt versorgt zu werden, sondern man bringt sich mehr und mehr auf diese oder jene Weise selbst ein. Das wurde einerseits durch technische Entwicklungen, das heißt dem Internet, möglich, anderseits hat die (verständlicherweise von nicht Wenigen misstrauisch beäugte) laufend anwachsende globale Vorherrschaft *einer* Sprache, nämlich des Englischen, Tür und Tor für Meinungsaustausch geöffnet. Vornehmlich die junge Generation nimmt in sehr vielen Ländern diese Möglichkeiten in wachsendem Ausmaß wahr – und wer wollte behaupten, diese Tendenz würde alsbald enden? Das Gegenteil ist der Fall.

Der zunehmende Wohlstand und die allgemein geübte größere Toleranz in zahlreichen, auffallend auch in den bevölkerungsreichen Staaten, tun das Ihre: Die Menschen reisen und „vernetzen" sich zusehends ebenso auf diese, vor 1 Jahrhundert nur ziemlich wenigen Personen vorbehaltene Art und Weise. Und wiederum spielt hierfür das zur „lingua franca", zur Verkehrssprache, sich entwickelt habende Englisch eine tragenden Rolle; es wird von der Mehrzahl der jungen Menschen zumindest einigermaßen beherrscht; Personen, die demnach keine aus sprachlichen Gründen erwachsende Hemmungen, auf weiträumiges Reisen zu verzichten, mehr verspüren.

Beinahe jeder Erdenbürger, so er sein Dasein nicht im materiellen- und Bildungselend zu fristen gezwungen ist, hat bereits Bilder unseres Planeten im Fernsehen und/oder Internet gesehen. Die blau leuchtende Kugel mit ihrer dünnen verletzlich erscheinenden Atmosphäre bietet nicht bloß ein ästhetisches, ein anmutiges Bild, sondern erzeugt ebenso positive Stimmungen. Sie schafft, wenn auch teilweise unbewusst, ein Zusammengehörigkeitsgefühl. Wir ahnen dabei nicht nur, sondern wir wissen: Wir sind aufeinander angewiesen, sind eine Schicksalsgemeinschaft. Eine, die auf diesem blauen Juwel in der Unendlichkeit des Weltalls entstanden ist - oder geschaffen wurde laut des Glaubens unserer religiös determinierten Weltmitbürger.

Ich bin überzeugt: Das Bewusstsein, eine „kosmische Menschheit" zu sein, ist im Wachsen. Es wird sich zudem verstärken. Selbst wenn es in Zukunft wohl mit an Sicherheit grenzender Wahrscheinlichkeit erneut diverse Katastrophen, von Menschen hervorgerufene oder „nur" von der Natur verursachte, geben wird: Nie wieder wird es so wie früher sein, als sich die weitaus meisten Menschen einzig ihrer unmittelbaren Mitwelt und Umwelt und/oder noch dazu einer transzendenten „höheren" Macht verpflichtet fühlten. Ein „kosmischer Mensch" ist im Werden.

Es wird, ja muss, ein moderner(er) Mensch sein, einer, der nicht zuletzt durch das Bewusstsein seiner Vernetztheit auch mit dem Kosmos, also seiner Ein-gebettetheit in das Universum, einen weiteren Schritt in der Entwicklung des homo sapiens teils vollzogen hat und größtenteils noch vollziehen wird. Sollte denn dieser moderne Mensch auch in Hinkunft eine Jahreszählung verwenden, die auf das nur grob abschätzbare Geburtsjahr eines seit langem toten Kurzzeitpredigers zurückgeht?

Ich werde, in moderater Abwandlung und insbesondere in Ergänzung von im 1. Kapitel Geschriebenem, ausnahmsweise jetzt einen dazu passenden Absatz aus meinem Buch „Die Astronomie und der liebe Gott“, Untertitel „Frevelhafte Gedanken eines `typischen' Naturwissenschaftlers“, Wagner Verlag, 2008, S. 179-180, zitieren: „Verbleiben wir nun noch ein kleines Weilchen bei derjenigen historischen Person, die hinter dem Jesus Christus des Neuen Testaments steht. Es handelte sich, historisch, um einen jüdischer Wanderprediger, der vermutlich zwischen dem Jahre 7 und 4 vor dem Beginn unserer Zeitrechnung in Nazaret … geboren wurde. Er war einer aus einer Reihe von Wanderpredigern in jener politisch unruhigen Zeit. Er dürfte zum ersten Mal, so Historiker, etwa um sein 30. Lebensjahr herum öffentlich aufgetreten sein und wurde wenige Jahre später als Aufrührer gegen die römische Besatzungsmacht gekreuzigt. Sein Todesdatum ist wohl nicht überliefert; da er aber nach allen Evangelien am Vortag eines Schabbat an einem Passahfest hingerichtet wurde, erscheinen als Todesjahr 30 oder 33 n. Chr. plausibel.

Dieser Mann, so ist unschwer zu mutmaßen, hatte Charisma, Rednertalent, vertrat Aufsehen erregende Thesen, scharte zunehmend Anhang um sich, erschien den Machthabern folglich gefährlich und wurde daher beseitigt. Durch eine Verkettung von heute selbstverständlich nicht mehr im Einzelnen nachvollziehbaren Umständen, darunter eine ausufernde Legendenbildung, wurde er zum Grundpfeiler des christlichen Glaubens. Klingt all das nicht ungleich plausibler als die angeblichen zahlreichen Wunder des Jesus, seiner Auferstehung von den Toten und sein Auffahren in den Himmel?“ Ende des Zitats. – Falls es Sie nach mehr diesbezüglicher Information dürstet, darf ich Sie auf den Wikipediaartikel „Jesus von Nazaret“ verweisen, in dem die historische Person Jesus von Nazaret behandelt wird.

Apropos Auferstehung. Wie zumindest jeder Christ weiß, wird das jährliche Gedächtnis an die Auferstehung Jesu Christi, der nach dem Neuen Testament als Sohn Gottes den Tod überwunden hat, zu Ostern gefeiert. Ein halbes Jahrtausend nach der Hinrichtung von Jesus stellte sich der Mönch Dionysius Exiguus in Rom der Aufgabe, den richtigen Termin für das Osterfest zu finden, der unter anderem für das heute als 526 n. Chr. bezeichnete Jahr terminlich strittig war. Aus seinen Arbeiten wurde später auch auf das Geburtsjahr von Jesus geschlossen.

In den Jahrhunderten zuvor, bis zu den Bemühungen dieses Mönchs, war offenbar die Bestimmung des genauen Geburtsjahrs des Erlösers entweder nicht geglückt oder als nicht ausreichend wichtig erachtet worden. Da seinerzeit die mathematische Zahl Null noch unbekannt war, wurde das erste Jahr mit einer „1" bezeichnet (man möge nicht vergessen: *Vor* dem Jahr 1 kommt in der gregorianischen Zeitrechnung das Jahr -1 und nicht das Jahr 0, sprich Null, wie in ISO 8601 enthalten!).

Der Durchbruch für das, was als „Christliche Zeitrechnung" gilt, erfolgte allerdings erst 2 Jahrhunderte später, als der angelsächsische Mönch Beda Venerabilis eine Kirchengeschichte des englischen Volkes verfasste. Hierbei benutzte er die auf Dionysius Exiguus zurückgehende Jahreszählung „seit Christi Geburt". Ab dann begann sich diese Zeitrechnung zu verbreiten, kam indes nicht früher als um das Jahr 1060 bei der Kirche in Rom endgültig in Verwendung.

Die Geburt von Jesus kann nicht im Jahre 1 der christlichen Zeitrechnung erfolgt sein. Wenn man etwa das Jahr 2012 schreibt, sind keineswegs diese Anzahl Jahre seit der Geburt des Jesus von Nazaret vergangen – unbeschadet dessen, ob man ein Jahr „0“ ansetzt oder nicht. Die Evangelien des Neuen Testaments, deren frühestes 3 Jahrzehnte nach dem Tod des Jesus niedergeschrieben worden war, erwiesen sich für eine genaue Datierung des Geburtsjahrs von Jesus als ungeeignet. Ein deutlicher Beleg für die Geburt von Jesus *vor* dem Jahr 4 v. Chr. ist das Evangelium von Matthäus (Mt 2,1), in dem angeführt wird, Jesus sei vor dem Tod Herodes des Großen geboren – und der starb, wie man längst herauszufinden in der Lage war, im Jahre 4 „vor Christus“.

Man kann – *ich* kann – folglich aufgrund des bisher Geäußerten mit Fug und einigem Recht kundtun, dass die christliche Jahreszählung obsolet ist. Sie passt nicht mehr in die heutige Zeit und keinesfalls in die zukünftige. Sie ist zu kleinkariert, auf *eine* Person hin fixiert, hebt *eine* Religion hervor, wird mithin einem globalen Anspruch nicht gerecht. Das gilt natürlich nicht für den Gregorianischen Kalender oder, genauer formuliert, für die Schaltregeln in ihm. Ein derartiges Qualitätswerk, bei dem sich die Fehler erst nach ein paar Tausend Jahren zu einem Tag aufsummieren, muss erhalten werden, soll in Verwendung bleiben.

Es stellt sich eine Art Gretchenfrage: Wie soll man es denn zukünftig am besten mit einer Jahreszählung halten? Sind wir beispielsweise einer historischen Persönlichkeit gewahr, an deren herausragender Natur nicht die mindesten Zweifel bestehen? Eine, die Wertschätzung bei zumindest der Mehrzahl der Völker genoss und am besten weiterhin genießt? Das Genie Leonardo da Vinci vielleicht? Nein, denn dieser Vorschlag wäre zu sehr auf Europa bezogen, da würde man den Uraltfehler der politischen Egozentrik begehen. Konfuzius? Hätte den Vorteil, schon sehr lange verstorben und altehrwürdig zu sein, würde jedoch nicht auf viel Gegenliebe stoßen, diesmal bei uns. Siddhartha Gautama, der, den man „Buddha" heißt? Ähnliche Einwände wären zu erwarten. Und überhaupt: wo bleiben die Frauen? Ich denke, Sie stimmen mir zu: Bitte keine Person als Ausgangspunkt für eine neue, dauerhafte, allgemein anerkannte Jahreszählung. Nicht schon wieder.

Wie könnte man denn überhaupt auf einen grünen Zweig bei der Jahreszählung kommen? Eine einmalige, hochwichtige, vor langer Zeit gemachte Erfindung, das wär`s, nicht wahr? Eine, von der die gesamte Menschheit profitierte, immer noch profitiert, weiterhin profitieren wird. Konsequenterweise eine vor langem gemachte, da ihr ansonsten der Geruch der Vergänglichkeit anhaftet. Denn ob das, was unlängst oder vor wenigen Jahrzehnten erfunden wurde, auch langfristig Bestand hat, ist verständlicherweise ungewiss. Raten Sie mit! Was könnte man da ins Spiel bringen?

Das Rad! Bloß: Wer hat es erfunden und wann? Leider kann man im mit „Rad" betitelten Wikipediabeitrag folgendes lesen: „Eine genauere zeitliche und örtliche Einordnung der Erfindung ist noch nicht möglich." Aha. Nichts daher mit dem Rad, denn ohne eine passable zeitliche Zuordnung kann man keine Jahreszählung beginnen lassen. – Die Schrift! Vor gut 5.000 Jahren in Mesopotamien entwickelt. Neuerdings wird den ältesten altägyptischen Zeichen, der Hieroglyphenschrift, ein vergleichbares Alter zugemessen. Piktogramme, das heißt stilisierte Bildzeichen für Lebewesen und Objekte, sind darin bedeutsam. In den allerletzten Jahren werden jedoch 7.000 – 8.000 Jahre alte Piktogramme aus dem chinesischen Ningxia diskutiert – und als vermutliches Frühstadium der chinesischen Schrift interpretiert. Daher: Nichts mit der Erfindung der Schrift als Referenzzeitpunkt, da keine klare zeitliche Zuordnung durchführbar.

Kein Zweifel: Ihnen und mir würde ein Vielerlei an bedeutsamen Erfindungen und Entdeckungen einfallen. Die Entdeckung der Elektrizität, der Dampfmaschine, des Buchdrucks (der freilich nicht nur in Europa erfunden wurde), der Evolution, der Relativitätstheorie, des Urknalls, des Fernsehens, des Internets und so weiter und so fort. Oder sollte man das Aufkommen der Philosophie im alten Griechenland als geistigen „Sprung vorwärts", als eine besondere Form einer Entdeckung, wählen? Die ersten Höhlenmalereien vor mehr als 40.000 Jahren als Ausdruck des deutlichen Erwachens „kultureller" Leistungen? Den Übergang von nomadisierenden Lebensweisen zur Sesshaftigkeit, beginnend vor annähernd 10.000 Jahren? Bei einigen der genannten Beispiele hätte man den zusätzlichen Vorteil, eine sehr klare oder zumindest ungefähre zeitliche Zuordnung treffen zu können.

Wir stehen dabei indes vor einem Dilemma: Sollen wir uns zutrauen, ja anmaßen, die eine Erfindung oder Entdeckung einer anderen, augenscheinlich ebenso bedeutenden, vorzuziehen? Dazu kommt: Wir müssen annehmen, auch in den nächsten Jahrzehnten und Jahrhunderten würden zahlreiche bahnbrechende Erfindungen und Entdeckungen gemacht werden – und eine neue Jahreszählung sollte doch derart ausgelegt und begründet sein, dass sie zumindest ein paar tausend Jahre

„hält". Große Worte, gewiss. Ein uneinlösbarer Anspruch? Mitnichten.

Bemühen wir unsere Fantasie. Über die verfügt der homo sapiens im Unterschied zu allen anderen Lebewesen bekanntlich in reichem Maße. Versetzen wir uns hinaus in den Weltraum, in ein hochentwickeltes Raumschiff, mit Blick auf unseren wunderschönen blauen Erdball und nehmen an, wir hätten Zugriff auf den gesamten Wissensschatz, den die Menschheit bisher anzuhäufen vermochte.

Setzen wir fantasiemäßig noch Eins drauf: Wir wären Außerirdische, die Kunde von der Existenz eines Planeten mit intelligenten Bewohnern erhalten hätten und die einen Bericht zuhause abzuliefern hätten über die markantesten Entwicklungssprünge dieser Wesen, die sich als „Menschen" und ihren Planeten als „Erde" bezeichnen. Was ich mit all dem ausdrücken will: Ein intensiver „Blick von außen" wäre für unsere Fragestellung, für unsere Suche nach dem wirklich und bleibend Bedeutsamen, hilfreich, zweckmäßig und zielführend.

Sähen sich die Außenbeobachter veranlasst, die beiden wichtigsten Ereignisse im Zusammenhang mit dieser intelligenten Spezies auf dem Planeten „Erde" herauszuheben und datieren zu müssen, dann würde man zum einen an ihrem erstmaligen *Auftreten*, ihrem „Beginn" auf ihrem Himmelskörper nicht vorbei können. Das fand vor 200 Jahrtausenden statt. Zum anderen würde als markanter, entscheidender Entwicklungssprung derjenige gelten, der hinaus in das Weltall führte: Das erstmalige Betreten eines anderen Himmelskörpers durch einen Vertreter des homo sapiens. Ein Schritt hin zum „homo cosmicus“, der geistig *und* körperlich in der Lage ist, seine kosmische Heimat nicht nur mittelbar zu erkunden, sondern auch im wortwörtlichen Sinne zu „begreifen“.

Damit ist die Katze aus dem Sack. Ich propagiere eine Jahreszählung, die auf *zwei* zeitlichen Pfeilern steht. Der eine bedarf keiner näheren Begründung, denn analog zur Geburt eines Menschen als dessen Start ins Leben ist das erstmalige Auftreten einer ganzen Spezies ein ebensolcher Start, auch wenn er sich keineswegs schlagartig, sondern in Jahrtausenden vollzog. Sowohl fossile Befunde als auch genetische Untersuchungsergebnisse belegen das erstmalige Auftreten des homo sapiens vor ungefähr 200.000 Jahren, in Afrika, wobei eine Ungenauigkeit von 10 - 20 % im Grunde nichts zur Sache tut. Es sei nochmals hervorgehoben, da vor allem für wissenschaftskritische Zeitgenossen relevant: Die Experten verfügen über nicht bloß eine, sondern *zwei* schlüssige separate Datierungsmethoden, die beide auf etwa dasselbe Alter hinweisen. Die Wahrscheinlichkeit, dass sie mit beiden krass danebenliegen, ist somit glücklicherweise recht gering.

Der andere Referenzpunkt ist zeitlich auf die Minute bekannt, obwohl uns hier primär das Jahr (1969) und bloß sekundär das Tagesdatum (21. Juli) interessiert. Das erstmalige Betreten eines Himmelskörpers außerhalb der Erde, jedermann/jederfrau als „1. Mondlandung“ ein Begriff, hat viele Menschen bewegt und in den Bann geschlagen, wird jedoch als epochales Ereignis wohl erst von künftigen Generationen in vollem Umfang gewürdigt werden.

Übrigens: Sind Sie ein bereits reiferes Semester und haben, wie ich, die etwas verschwommenen Aufnahmen der Mondlandung am 21.7.1969 im Fernsehen mitverfolgt? Damals hätte der Kommentator ohne weiteres Goethe aus dessen „Feldzug in Frankreich (Kanonade von Valmy)“ zitieren dürfen, denn die großen Goethe'schen Worte hätten bestens zur 1. Landung eines Menschen auf einem anderen Himmelskörper gepasst: „Von hier und heute geht eine neue Epoche der Weltgeschichte aus, und ihr könnt sagen, ihr seid dabei gewesen“. Nun ja, die von Armstrong tatsächlich gesprochenen Worte waren schließlich auch nicht von schlechten Eltern ...

Selbst unter Berücksichtigung einer Prise Blauäugigkeit meinerseits dürfte feststehen: Es wird eine Zeit kommen, in der es von untergeordneter oder gar nichtiger Bedeutung sein wird, welcher Nation der Pionier angehörte und aus welchen Motiven die Landung angestrebt wurde. Sie wird als eine herausragende Leistung der gesamten Menschheit gewertet werden. Sie werden es mitbekommen, werte Leserin, werter Leser: Deutliche Beweise für die himmelhohe Signifikanz dieses „kleinen Schrittes für einen Menschen, aber riesigen Schrittes für die Menschheit“ werden schon dann sichtbar und hörbar sein, sobald der bejahrte, da im Jahre 1930 geborene, Neil Armstrong das Zeitliche segnen wird.

Was nun? mögen Sie sich fragen. Wann also soll man die „neue“ Jahreszählung beginnen lassen? Es existiert doch nur ein „entweder - oder“, oder? Ein Vorschlag: Fangen wir vor 200.000 Jahren mit der Zählung an, aber weisen dem Jahr 1969 eine Sonderstellung zu, indem wir es als Jahr 200001 definieren. Es hat, heißt dies, zweihunderttausend Jahre gedauert, bis sich der damals eben entstandene „weise Mensch“, der „homo sapiens“, zum „kosmischen Menschen“ empor entwickelte. Das Jahr 2012 wäre dann das Jahr 200044. Näheres dazu im nächsten Kapitel.

4. Abschließende Zumutungen

Heute ist der 14. Mai 2012. Nach christlicher Zeitrechnung. Oder 2012-05-14 nach ISO 8601, mit christlicher Jahreszählung.

Oder, nach meinem Vorschlag einer neuen Zählung, der 14. Mai 200044 (alternativ: 200044-05-14 nach ISO 8601); empfohlene inoffizielle Kurzschreibweise 14.05.2'044 beziehungsweise 14. Mai 2'044, oder gar 2'044-05-14. Der Apostroph ersetzt hierbei die beiden ersten Nullen. Man sollte für längere Zeit der Datumsangabe ein „HKK" zufügen, da die neue Jahreszählung eines Namens bedarf; am besten wäre der Gebrauch der entsprechenden Abkürzung dafür. HKK steht für „Homo–Kosmischer Kalender"; auf Englisch HCC für „Human–cosmic calendar".

Wäre nicht die Bezeichnung „Kosmischer Kalender" griffiger? Durchaus; sie ist indes bereits vergeben. Der „kosmische Kalender" (nach Carl Sagan, siehe Internet) steht für die kompakte Aufzählung der Entwicklungsgeschichte des Universums, vom Urknall vor 13,7 Milliarden Jahren bis zur Gegenwart. Und wie wäre es mit „Homo sapiens - Kosmischer Kalender"? Ist zu sperrig. Man bedenke dabei, dass die anderen Homo-Arten sämtlich ausgestorben sind, ob weitläufig verwandt mit uns (wie Homo neanderthalensis) oder gar unsere Vorfahren repräsentierend (wie Homo heidelbergensis). „Homo" ist somit, in praxi, identisch mit „Homo sapiens". Das englische Wort „human" bezeichnet übrigens ohnehin den „Homo sapiens". Daher macht

HKK im deutschen Sprachraum oder HCC im englischen durchaus Sinn.

Ein Vorteil der neuen Jahreszählung läge in der Tatsache, vor allem keine Jahresangaben wie „v. Chr." oder „n. Chr." beziehungsweise die von manchen als seltsam empfundenen negativen Jahreszahlenangaben des ISO 8601-Systems anführen zu müssen (obwohl wir negative Zahlen bei winterlichen Temperaturen sehr wohl gewohnt sind) und das ohnehin gewöhnungsbedürftige „Jahr Null" wäre in meinem System nur von ideeller Relevanz, da es eine Definitionsgröße darstellt.

Auf ein Jahr genaue Datierungen von Gegenständen und Ereignissen mit einem Alter von mehr als 100.000 oder gar 200.000 Jahren werden indes noch für lange, vielleicht für immer, unwahrscheinlich bleiben. Anders sieht es meiner Meinung nach für Datierungen aus, die im 5-stelligen Jahreszahlenbereich liegen. Angesichts der Fortschritte in den Datierungsverfahren erscheint es mir plausibel, dass man hierfür bereits in naher Zukunft auf wenige Jahre oder ein Jahr genaue Altersbestimmungen durchführen können wird. Diesen Funden oder Ereignissen dann eine bestimmte Jahreszahl oder einen engen Jahreszahlenbereich zuweisen zu können, ohne sich mit naturgemäß dauernd ändernden Angaben, dies oder jenes sei vor xxxxx Jahren gewesen, behelfen zu müssen, dünkt mir vorteilhaft.

Man hätte also eine lineare Zählung zur Hand und für praktische Fälle vor allem jüngeren Datums würde man zum Beispiel den proleptischen Gregorianischen Kalender heranziehen, welcher überaus leicht in den neuen Kalender umzurechnen wäre. In diesem Zusammenhang sei nochmals betont, dass die Schaltregeln des letzteren in die neue von mir vorgeschlagene Zeitrechnung eingebunden würden. Eine Kleinigkeit noch, was das Jahr 1 n. Chr., das angenommene Geburtsjahr von Jesus, und das im christlichen Kalender unmittelbar vorhergehende Jahr –1 betrifft: Das Jahr 1 vor Christi Geburt endet am 31. Dezember (1 v. Chr.) und am folgenden Tag, dem 1. Januar, fängt das Jahr 1 nach Christi Geburt (1 n. Chr.) an. Etwas verwirrend, zugegeben. Freilich nicht auf *meinem* Mist gewachsen.

Kurz und gut, da heißt es aufzupassen! Machen wir zusammen eine kleine Rechnung: Subtrahieren wir, beispielsweise von der Mitte des Jahres 2012 insgesamt 2011 Jahre, so landen wir mitten im Jahr 1, sprich 1 n. Chr., also dem Geburtsjahr von Jesus Christus. Tun wir dasselbe ab der Mitte des Jahres 200044 HKK, erreichen wir die Mitte des Jahres 198033 HKK, mithin das Jahr 1 nach Christus. Da das Jahr Null, wie mehrfach berichtet, christlicherseits nicht existiert, wird 198032 HKK dem Jahr 1 v. Chr. entsprechen, jedoch gleichzeitig dem Jahr 0 (Null) in der ISO 8601-Zählung, sodann das Jahr 198031 HKK dem christlichen Jahr 2 v. Chr., jedoch dem Jahr –1 bei ISO 8601 und so fort.

Angenommen, es fände sich die eine oder andere offizielle Stelle oder einflussreiche Person, die meiner Argumentation für eine neue Jahreszählung und selbst den paar Details dazu einiges abgewinnen könnte. Dann würde eine Frage an mich, vermute ich, ungefähr wie folgt lauten: „Wie wollen Sie bitteschön ein Datierungsdurcheinander vermeiden? Die Leute würden es doch als Zumutung empfinden, plötzlich ihre Geburtsdaten ändern zu müssen, andere geschichtliche Daten zu lernen et cetera". Ja, das Wort „Zumutung" wäre wohl am Platz, außer … man gibt den Menschen ausreichend Zeit *und* bedenkt dabei, dass es heutzutage ohnehin ein Leichtes ist, bei auf Computern verfassten Schreiben Datumsangaben automatisch zu generieren und eine Datumsangabe in eine andere umzurechnen oder mit einer zweiten zu ergänzen.

Ist es denn schwierig, einige Zeit mit zwei Angaben nebeneinander zurechtzukommen, bis das neue Regelwerk in den täglichen Gebrauch eingesickert ist und angenommen wird? Ein Beispiel gefällig: Achten Sie beim Kauf eines Autos, wenn es um dessen Motorenstärke geht, nur auf die „PS", also „Pferdestärken" oder doch ebenso, eventuell sogar ausschließlich, auf die „KW" (Kilowatt)? Sollen denn „Pferdestärken" auch in Zukunft die Leistungsangaben von Motoren bleiben, nur weil „man" das so gewohnt ist? Natürlich nicht, da das in der heutigen Zeit lachhaft wäre oder zumindest sein sollte. Ganz ähnlich verhält es sich mit der noch dazu auf falsch angegebenem Geburtsdatum eines kurzeitig agiert habenden Wanderpredigers basierenden Jahreszählung: einfach lächerlich, völlig obsolet für das Heute und mehr noch das Morgen.

Eine weitere Frage an mich könnte sein: „Wie halten Sie es in Ihrem neuen Kalender mit den christlichen Feiertagen, da jener schließlich eine erhebliche Degradierung der Rolle von Jesus Christus beinhaltet?" Ich könnte es mir leicht machen und die Meinung vertreten, hierbei alles beim alten zu belassen; ich tue das aber nicht, sondern schlage vor: Die uns allen, auch den Areligiösen, lieb und teuer gewordenen christlichen Feste wie Weihnachten, Ostern und gleichfalls Pfingsten sollen bleiben, wie sie sind. „Fronleichnam“ und „Christ Himmelfahrt“ zumindest sind allerdings entbehrlich. Zwei andere Feiertage sollten hingegen etabliert werden: ein Mondfeiertag und ein Sonnenfeiertag. Wer ist denn, seien wir ehrlich, ungleich wichtiger für den Lauf unserer Welt und somit für die menschliche Zeitrechnung: Jesus Christus oder Sonne und Mond?

Die kalendarische Festlegung eines Mondfeiertags ergibt sich beinahe zwangsläufig. Ich meine, der 21. Juli wäre dafür das einzig wahrhaft sinnvolle und angemessene Datum. Dieser Tag sollte die den neuen Kalender benutzenden Menschen an jenen epochal wichtigen Tag erinnern, an dem im Jahre 200001 zum allerersten Mal menschliche Fußspuren in die Oberfläche eines anderen Himmelskörpers gesetzt wurden.

Und der Sonnenfeiertag? Die Sonne ist unzweifelhaft das für die Erde viel bedeutendere kosmische Objekt, denn ohne sie existierte keine Erde. Wenn man bedenkt, wofür und für wen alles die Menschen in den verschiedenen Ländern Feiertage eingeführt haben, häufig genug schräg anmutende, so wäre ein unserem Licht- Wärme- und Jahr Spender gewidmeter Feiertag mehr als berechtigt.

Es ließe sich trefflich darüber diskutieren, wann *der* begangen werden soll. Ich denke, anstelle von Christi Himmelfahrt. Anderen Lösungen wäre ich indes keinesfalls abgeneigt. (Es wäre nett, sollten Sie sich mit Vorschlägen einbringen wollen). „Christi Himmelfahrt“ als Sonnenfeiertag wäre ein beweglicher Feiertag, so wie uns ja auch der Himmelskörper „Sonne“ als beweglich erscheint und in Wirklichkeit auch überaus beweglich ist, wenn wir an das in diesem Büchlein kurz angeführte „Galaktische Jahr“ denken.

Was an Zumutungen brächte eine – ohnehin nur gemächlich erfolgende! – Umstellung der Jahreszählung noch mit sich? Das Beharrungsvermögen von Menschen wäre anzuführen. Beinahe alle von uns werden von Emotionen ungleich stärker gesteuert als von rationalen Überlegungen. Folglich ist beinahe alles, was neu ist und keine unübersehbaren und noch dazu raschen Vorteile für den Einzelnen mit sich bringt, den meisten von vornherein suspekt beziehungsweise wird als Zumutung empfunden. „Wozu braucht man denn das?“ höre ich es mir sozusagen schon entgegentönen. Nun, weshalb eine moderne, ihren heimatlichen Planeten sozusagen auch aus der Außenperspektive wahrnehmende Menschheit über eine ihr und ihrer Welt angemessene Jahreszählung verfügen soll, habe ich in diesem Buch hoffentlich ausreichend begründen können.

Gläubige Christenmenschen werden eine neue Jahreszählung erst recht als Zumutung empfinden. Wer den Jesus von Nazaret weniger als geschichtliche Person denn als Sohn Gottes, der sich für die Menschen geopfert hat, ansieht, wird sich fast zwangsläufig gegen eine Änderung der global vorherrschenden Jahreszählung stemmen. Denn klar ist: Die neue Jahreszählung würde eine „Wertminderung“ sämtlicher in Jahreszählungen namhaft involvierter Religionsstifter, Reichsgründer und dergleichen implizieren.

Ich sollte, nein muss mir daher sagen: Wer bin ich denn, dass ich auch nur den Hauch einer Chance hätte, gegen den Willen von beispielsweise mehr als 1 Milliarde Christen etwas durchsetzen zu können? Nun, von „Durchsetzung" durch mich ist ohnehin keine Rede, sondern einzig vom Aussäen einer Idee … Mal sehen, ob jemand meine kalendarische Saat begießt. Hätten *Sie* den Mut dazu? *Diese* Zu„mut"ung würde ich freudig akzeptieren.

5. Vergelt's-Gott-Sagung

Mit und bei Danksagungen soll nicht geschindludert werden. Ich tu's, oberflächlich betrachtet, dennoch. Es ist ja unstatthaft, zumindest unüblich, sich bei etwas anderem zu bedanken als bei namentlich zu nennenden Personen inklusive dessen, wofür man denen dankt – und eine Überschrift wie die eben benutzte mag Verwunderung, Stirnrunzeln oder beides erzeugen. Ihre Wahl ist jedoch ohne weiteres begründbar. Gäbe es keinen Glauben an einen christlichen Gott und an die Manifestation oder Inkarnation von Jesus Christus als Gottes Sohn, so verfügten wir über keine, noch dazu beinahe weltweit in Verwendung stehende Zeitrechnung, die mit der Geburt des Letztgenannten anhebt. Dann hätte ich auch schwerlich die Motivation aufbringen können, mir meine Zeit als pensionierter Astronomieprofessor mit dem Studium so manch lehrreicher und anregender einschlägiger Literatur und dem Verfassen dieses Büchleins zu versüßen, wofür zu danken ich allen Grund habe. Nur – bei wem und wofür?

Vom Fach her könnte ich, eventuell sollte ich, nein, werde ich, von meinen Lehrern an der (Wiener) Universität einen nennen. Freilich kann man sich ob meines eben vollzogenen Pensionszustands-Geständnisses leicht ausmalen, dass diese bereits samt und sonders in die ewigen Jagdgründe eingegangen sind. Dennoch ein ehrlich empfundenes, sozusagen posthumes, „Vergelt's Gott“ insbesondere an einen Herrn, der uns Studenten vor etlichen Jahrzehnten die Geschichte der Astronomie engagiert näher brachte und der Öffentlichkeit vor allem durch sein Buch über den Stern von Bethlehem bekannt wurde („Der Stern von Bethlehem aus astronomischer Sicht. Legende oder Tatsache?" von Konradin Ferrari d'Occhieppo, Brunnen-Verlag, Gießen, 2003). Ein tief gläubiger Mann (eine Rarität unter Naturwissenschaftlern!) war dieser Univ.-Prof. Dr. Ferrari d'Ochieppo und deswegen, bar jedweder Ironie, ist Dank und der für ihn angemessene Dankspruch aus der Überschrift am Platz.

Dankbar bin ich selbstredend auch den zahlreichen Kalendermachern und dazugehörigen Datenlieferanten, ebenso denen, die diesen Kalendern, vor allem dem Gregorianischen, zum Durchbruch verhalfen. Da die meisten von ihnen von christlichem Gedankengut durchdrungen waren, hätten sie, könnten sie meinen Dank vernehmen, Verständnis für das „Vergelt's Gott" aufgebracht, bin ich überzeugt.

Zum Dank verpflichtet bin ich außerdem all den zahlreichen anonymen englisch- und deutschsprachigen Verfassern von Einträgen in das via Internet zugängliche Wikipedia-Lexikon. Ich habe mir eine Anzahl derartiger relevanter Wikipedia-Artikel zu Gemüte geführt und nicht Weniges daraus im vorliegenden Büchlein verwendet. Dieses Lexikon - ich möchte das ausdrücklich betonen - hat sich längst zu Recht als glaubwürdiges, verlässliches, hochaktuelles und vor allem in englischer Version häufig erstaunlich detailliertes Nachschlagewerk erwiesen. Deswegen griff ich darauf zurück und folglich verdienen diese Verfasser einen Dank, den ich hiermit abstatte. In diesem Zusammenhang darf ich mich auch für die Möglichkeit der Verwendung der (einzigen) Abbildung im Buchtext bedanken und gebe dazu Quelle, Urheber und Lizenzdetails an: http://de.

wikipedia.org/wiki/Datei:Globe_Atlantic.svg, S.fonsi und http://creativecommons.org/licenses/by-sa/3.0/deed.de.

Fehlt noch ein Dankesadressat, der diverse Vorzüge aufweist, da er im Gegensatz zu manchen erwähnten Personen, hoffentlich noch sehr lange, unter den Lebenden weilt beziehungsweise weilen wird, über eine mich immer wieder verblüffende Belesenheit und damit verbundene breite Bildung verfügt, mein Buchmanuskript gründlich und insbesondere kritisch durchlas und redigierte und persönlich offensichtlich nichts gegen mein hier zum Ausdruck gebrachtes „Vergelt's Gott" einwendet: Hans Limmert.

Ein „klassischer" herzlicher Dank geht zudem an meinen mit beneidenswert vielen breit gestreuten naturwissenschaftlichen Kenntnissen versehenen Kollegen Dr. Gerhard Auner, ehemals tätig am Institut für Astronomie der Universität Wien, für die fachliche Beäugung meines Machwerks. Er hätte übrigens anstelle des 200 Jahrtausende zurückliegenden Startpunkts „meiner" Jahreszählung einen maximal 5-6 Jahrtausende alten Beginn vorgezogen. Konkreter: Ein „historisches" und genau datierbares weit verbreitet beobachtetes astronomisches Ereignis wie eine Supernovaexplosion. Dennoch meint er in seiner Expertise: „Das Jahr 0 mit dem Auftreten des homo sapiens festzulegen ist eine gute Idee, da es weder irgendeine Kultur noch eine Ideologie bevorzugt". Außerdem empfiehlt er, für an detaillierterem kalendarischen Wissen Interessierte, das Buch „Der Kalender im Wandel der Zeiten" von Joachim W. Ekrutt, Kosmos Bibliothek, 1972.

Ach ja, noch etwas: Ich danke Ihnen, liebe(r) Leser(in) für Ihr Interesse und die Zeit, die Sie sich für mein, partiell lästerliches, Werkchen genommen haben. Hoffentlich haben Sie dessen Inhalt nicht als unzeitgemäß empfunden.

Innsbruck und Zirl, am 27. Mai 2'044 (bzw. 200044-05-27)

REGISTER

(M)eine zu einem Reim geronnene Verbeugung vor den gregorianischen Schaltregeln:

Es mühten sich, zu allen Zeiten,
Kalendermacher samt Adepten
zu dienen ihren Obrigkeiten
mit gut durchdachten Schaltkonzepten.

Bisweilen sind die Erstgenannten
gestoßen auf ein offnes Ohr;
so kam es zu der wohlbekannten
Reform durch einen Papst - Gregor.

Gregorianisch heißt man den Kalender,
der seither auf der Welt obwaltet;
erfahr nun, mit welch schier stupender
Methodik man da Tage schaltet.

Kann man glatt teil'n durch 4 ein Jahr,
dann ist es kalendarisch pflichtig
durch Zusatz-Tag im Februar
zu machen dieses Jahr schalt-richtig.

Falls Jahre auf zwei Nullen enden,
sind sie nicht „schaltbar" - außer diesen,
die „durch vierhundert teilbar" blenden
und so die Nullregel vermiesen.

Einszweidrei, im Sauseschritt

Läuft die Zeit; wir laufen mit.

Wilhelm Busch